专用于国家职业技能鉴定

国家职业资格培训教程

核设备无损检测工

超声检测

中国核工业集团有限公司人力资源部
中国核能电力股份有限公司
组织编写

中国原子能出版社

图书在版编目（CIP）数据

核设备无损检测工. 超声检测 / 中国核工业集团有限公司人力资源部，中国核能电力股份有限公司组织编写. —北京：中国原子能出版社，2021.3

国家职业资格培训教程

ISBN 978-7-5221-1291-6

Ⅰ. ①核… Ⅱ. ①中…②中… Ⅲ. ①核设施–超声检测–技术培训–教材 Ⅳ. ①TL75

中国版本图书馆 CIP 数据核字（2021）第 045136 号

核设备无损检测工 超声检测

出版发行 中国原子能出版社（北京市海淀区阜成路 43 号 100048）
责任编辑 张 琳
责任校对 冯莲凤
责任印制 赵 明
印　　刷 保定市中画美凯印刷有限公司
经　　销 全国新华书店
开　　本 787 mm×1092 mm 1/16
印　　张 11.5
字　　数 288 千字
版　　次 2021 年 3 月第 1 版 2021 年 3 月第 1 次印刷
书　　号 ISBN 978-7-5221-1291-6 **定 价** **82.00 元**

网址：**http://www.aep.com.cn** E-mail：**atomep123@126.com**
发行电话：**010-68452845**

国家职业资格培训教程

核设备无损检测工
超声检测

编审委员会

前　　言

为推动核行业特有职业技能培训和职业技能鉴定工作的开展，在核行业特有职业从业人员中推行国家职业资格证书制度，在人力资源和社会保障部的指导下，中国核工业集团有限公司人力资源部组织有关专家编写了《国家职业资格培训教程——核设备无损检测工》（以下简称《教程》）。

《教程》以国家职业标准为依据，内容上力求体现"以职业活动为导向，以职业技能为核心"的指导思想，紧密结合实际工作需要，注重突出职业培训特色；结构上针对本职业的职业活动的领域，按照模块化的方式，针对核设备无损检测工职业领域特点，分别按超声、射线、涡流、泄漏、磁粉、渗透、目视七种无损检测方法各自成册。《教程》中的章对应于职业标准的"职业功能"，节对应 "工作内容"；每节包括"学习目标""生产准备""工艺操作"及"自检"等单元，涵盖了职业标准中的"技能要求"和"相关知识"的基本内容。此外，针对职业标准中的"基本要求"，还专门编写了《核设备无损检测工（基础知识）》一书，内容涉及：职业道德、专业基础知识、安全文明生产与环境保护知识、金属材料加工工艺及典型缺陷特征、质量管理知识和相关法律、法规知识等。

《教程》适用于核设备无损检测工的初级、中级、高级、技师、高级技师培训，是核设备无损检测工职业技能鉴定的指定辅导用书。

《教程》由聂勇、杨崇安、蔡军、周大禹、余荆生、夏建文、王卓巍、卢威、张运平、张涵、左畅、董兴、余自力、刘铁群、曾玉华、陈霞、黄晓锋、陈胜宇、李宜全、高谊、岳晓明、吕为、帅军、王金龙、吴海林、刘波、潘越峰等编写，由李祝松、周汇东、蔡全旺、沈德贵审核。《教程》由核动力运行研究所、中核建中核燃料元件有限公司和中核北方核燃料元件有限公司负责编写，核动力运行研究所统稿。

由于编者水平有限，时间仓促，加之科学技术的发展，教材中不足与错误之处在所难免，欢迎提出宝贵意见和建议。

中国核工业集团有限公司人力资源部

中国核能电力股份有限公司

目　　录

第一部分　超声检测的物理原理及技术基础

第二部分　核设备超声检测操作技能

第三部分　核燃料元件超声检测操作技能

第一部分　超声检测的物理原理及技术基础

学习目标：

初级工：了解超声检测中有关机械波、波的类型和波速等基础知识；了解超声波衰减的原因及衰减系数的测定，以及超声检测设备构成及日常维护。熟悉探头、耦合剂、试块和超声检测仪的使用；掌握超声检测工作原理、超声检测的适用范围、超声检测的优点/局限性等基础知识；掌握纵波直探头检测技术和板材超声检测相关知识。

中级工：了解超声检测中有关声压P、声阻抗Z、声强I和分贝与奈培等基础知识，以及超声波衰减的原因及衰减系数的测定、解超声波发射声场、横波斜探头检测技术及影响缺陷定位、定量的主要因素；了解核设备及管道焊缝超声检测、工艺文件（工艺规程和工艺卡）和超声检测新技术（自动检测和相控阵检测技术）；熟悉探头、耦合剂、试块和超声检测仪的使用方法，以及超声检测方法分类与特点和检测通用技术；掌握纵波直探头检测技术和板材超声检测的相关知识。

高级工：熟悉超声检测的超声场的特征值、波型转换与反射、折射定律等基础知识，以及超声波衰减的原因及衰减系数的测定；熟悉核设备焊缝、不锈钢堆焊层、不锈钢管道焊缝、铁素体钢管道焊缝和异种金属焊缝检测技术和记录验收标准。掌握超声检测探头、耦合剂、试块等正确使用；掌握原材料中板材、管材、锻件和铸件超声检测技术；掌握超声工艺文件和超声检测新技术（自动检测和相控阵检测技术）。掌握超声检测通用技术。

技师：熟悉并掌握有关超声检测的物理基础和相关检测设备与器材；掌握原材料中板材、管材、锻件和铸件超声检测技术；掌握核设备焊缝、不锈钢堆焊层、不锈钢管道焊缝、铁素体钢管道焊缝和异种金属焊缝检测技术和记录验收标准；掌握工艺文件和超声检测新技术（自动检测和相控阵检测技术）。能编写培训教材和自动化检查设备维护保养规程。

高级技师：熟悉并掌握有关超声检测的物理基础和相关检测设备与器材；掌握原材料中板材、管材、锻件和铸件超声检测技术，以及核设备焊缝、不锈钢堆焊层、不锈钢管道焊缝、铁素体钢管道焊缝和异种金属焊缝检测技术和记录验收标准；掌握工艺文件和超声检测新技术（自动检测和相控阵检测技术）。能编制无损检测的验收标准；熟悉核设备制造工艺；具备检测可靠性的分析评定能力。

第一章　超声检测的物理基础

第一节　超声检测工作原理和适用范围

超声检测是常规无损检测技术之一，是目前国内外应用最广泛、使用频率最高且发展较快的一种无损检测技术。超声检测是产品制造中实现质量控制、节约原材料、改进工艺、提高劳动生产率的重要手段，也是设备维护中不可或缺的手段之一。

对于宏观缺陷检测的超声波，其常用频率为 0.5～25 MHz，对钢等金属材料的检测，常用频率为 0.5～10 MHz。超声波频率很高，决定了超声波具有方向性好、能量高、能在界面上产生反射、折射、衍射和波形转换和穿透能力强等重要特性，使其能广泛用于无损检测。

一、超声检测工作原理

超声检测主要基于超声波在工件中的传播特性，如声波在通过材料时能量会损失，在遇到声阻抗不同的两种介质分界面时会发生反射等。其工作原理是：

(1) 声源产生超声波，采用一定的方式使超声波进入工件；

(2) 超声波在工件中传播并与工件材料以及其中的缺陷相互作用，使其传播方向或特性被改变；

(3) 改变后的超声波通过检测设备被接收，并对其进行处理和分析；

(4) 根据接收的超声波的特性，评估试件本身及其内部是否存在缺陷及缺陷的特性。

以脉冲反射法为例：

声源产生的脉冲波进入工件中——超声波在工件中以一定方向和速度向前传播——遇到两侧声阻抗有差异的界面时部分声波被反射——检测设备接收和显示——分析声波幅度和位置等信息，评估缺陷是否存在或存在缺陷的大小、位置等。两侧声阻抗有差异的界面可能是材料中某种缺陷(不连续)，如裂纹、气孔、夹渣等，也可能是工件的外表面。声波反射的程度取决于界面两侧声阻抗差异的大小、入射角以及界面的面积等。通过测量入射声波和接收声波之间声传播的时间，可以得知反射点距入射点的距离。

通常用来发现缺陷和对其进行评估的基本信息为：

(1) 是否存在来自缺陷的超声波信号及其幅度；

(2) 入射声波与接收声波之间的传播时间；

(3) 超声波通过材料以后能量的衰减。

二、超声检测的适用范围

超声检测的适用范围非常广，从检测对象的材料来说，可用于金属、非金属和复合材料；从检测对象的制造工艺来说，可用于锻件、铸件、焊接件、胶结件等；从检测对象的形状来说，可用于板材、棒材、管材等；从检测对象的尺寸来说，厚度可小至 1 mm，还可大至几米；从检测缺陷部位来说,既可以是表面缺陷,也可以是内部缺陷,其典型应用见表 1-1。

除此之外,超声检测还适用于起重机械、游乐设施等机电类特种设备。

表 1-1　超声检测典型应用

	典型应用
原材料、零部件	钢板、钢锻件、铝及铝合金板材、钛及钛合金板材、复合板、无缝钢管、钢螺栓坯件、奥氏体钢锻件
承压设备对接焊接接头	钢制对接接头(包括管座角焊缝、T 形焊接接头,支撑件和结构件)、堆焊层、铝及铝合金对接接头
在用承压设备	零部件、钢制对接接头、不锈钢堆焊层、铝及铝合金对接接头、管子和压力管道环向对接接头

三、超声检测的优点

与其他无损检测方法相比,超声检测方法的优点有以下几个方面:

(1) 适用于金属、非金属和复合材料等多种制件的无损检测;

(2) 穿透能力强、可对较大厚度范围内的工件内部缺陷进行检测。如对金属材料、可检测厚度为 1~2 mm 的薄壁管材和板材、也可检测几米长的钢锻件;

(3) 缺陷定位比较准确;

(4) 对面积型缺陷的检出率较高;

(5) 灵敏度高,可检测工件内部尺寸很小的缺陷;

(6) 检测成本低、速度快、设备轻便,对人体及环境无害,现场使用较方便等。

四、超声检测的局限性

超声检测方法还存在以下局限性:

(1) 对工件中的缺陷进行精确的定性、定量仍需作深入研究;

(2) 对具有复杂形状或不规则外形的工件进行超声检测有困难;

(3) 缺陷的位置、取向和形状对检测结果有一定的影响;

(4) 工件的材质和晶粒度等对检测有较大影响;

(5) 常用的手动 A 型脉冲反射法检测时结果显示不直观,检测结果无直接见证记录。

第二节　机械振动与机械波

超声波是一种机械波,机械振动与波动是超声波检测的物理基础。超声波检测中,主要涉及几何声学和物理声学中的一些基本定律和概念。如几何声学中的反射、折射定律及波型转换,物理声学中波的叠加、干涉、衍射及惠更斯原理等。

一、机械振动

物体沿着直线或曲线在某一平衡位置附近作往复周期性的运动,称为机械振动。

日常生活中到处可以见到振动现象,如弹簧振子的运动、钟摆的运动和汽缸中活塞运动等都是可以直接觉察到的振动现象。另外,如固体分子的热运动,一切发声物体的运动以及超声波波源的运动等则是人们难以觉察到的振动现象。

物体(或质点)受到一定力的作用,将离开平衡位置,产生一个位移,该力消失后,它将回到其平衡位置;并且还要越过平衡位置移到相反方向的最大位移位置,然后返回平衡位置。这样一个完整运动过程称为一个"循环"或叫一次"全振动"。

振动是往复、周期性的运动,振动的快慢常用振动周期和振动频率两个物理量来描述。

周期——振动物体完成一次全振动所需要的时间,称为振动周期,用 T 表示。常用单位为秒(s)。

频率——振动物体在单位时间内完成全振动的次数,称为振动频率,用 f 表示。常用单位为赫兹(Hz),1 赫兹表示 1 秒钟内完成 1 次全振动,即 1 Hz=1 次/秒。此外还有千赫(kHz),兆赫(MHz)。1 kHz=10^3 Hz,1 MHz=10^6 Hz。

二、机械波

1. 机械波的产生和传播

振动的传播过程,称为波动。机械波是机械振动在弹性介质中的传播过程。为了简单说明机械波的产生和传播,建立了如图 1-1 所示的弹性模型。图中质点间以小弹簧联系在一起,这种质点间以弹性力联系在一起的介质称为弹性介质。一般固体、液体、气体都可视为弹性介质。

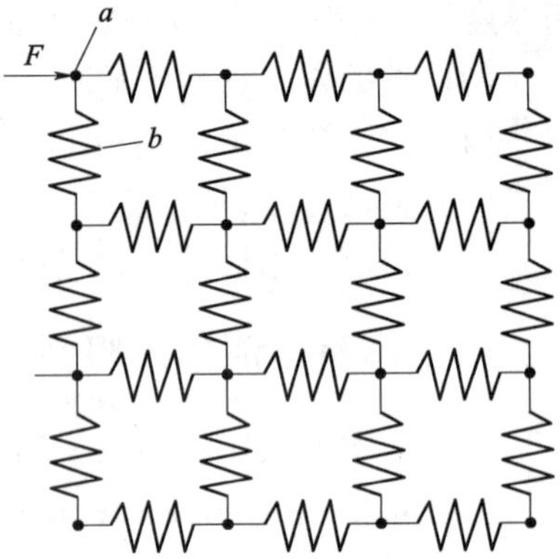

图 1-1 弹性介质模型

a—质点;*b*—表示弹性的弹簧

当外力 F 作用于质点 a 时,a 就会离开平衡位置,这时 a 周围的质点将对 a 产生弹性力使 a 回到平衡位置。当 a 回到平衡位置时。具有一定的速度,由于惯性 a 不会停在平衡位置,而会继续向前运动,并沿相反方向离开平衡位置,这时 a 又会受到反向弹性力,使 a 又回到平衡位置,这样质点 a 在平衡位置来回往复运动,产生振动。与此同时,b 周围的质点也会受到大小相等方向相反的弹性力的作用,使它们离开平衡位置,并在各自的平衡位置附的振动。这样弹性介质中一个质点的振动就会引起邻近质点的振动,邻近质点的振动又会引起较远质点的振动,于是振动就以一定的速度由近及远地向各个方向传播开来,从而就形成了超声波。

由此可见,产生超声波必须具备以下两个条件:

(1) 要有作机械振动的波源;

(2) 要有能传播机械振动的弹性介质。

振动是产生波动的根源,超声波是振动状态的传播。波动中介质各质点并不随波前进,而是按照与波源相同的振动频率在各自的平衡位置上振动,并将能量传递给周围的质点。因此,超声波的传播不是物质的传播,而是振动状态和能量的传播。

2. 机械波的主要物理量

描述机械波的主要物理量有周期、频率、波长和波速。

（1）周期 T 和频率 f　机械波的周期和频率只与振源有关，与传播介质无关。波动频率也可定义为波动过程中，任一给定点在 1 s 内所通过的完整波的个数，与该点振动频率数值相同，单位为赫兹(Hz)。

（2）波长 λ　波经历一个完整周期所传播的距离，称为波长，用 λ 表示。同一波线上相邻两振动相位相同的质点间的距离即为波长。波源或介质中任意一质点完成一次全振动，波正好前进一个波长的距离。波长的常用单位为米(m)或毫米(mm)。

（3）波速 c　波动中，波在单位时间内所传播的距离称为波速，用 c 表示。常用单位为米/秒(m/s)或千米/秒(km/s)。

由波速，波长和频率的定义可得：$c=\lambda f$ 或 $\lambda=c/f$

由上式可知，波长与波速成正比，与频率成反比。当频率一定时，波速越大，波长就越长；当波速一定时，频率越低，波长就越长。

第三节　波的类型

波的分类方法很多，下面简单介绍几种常见的分类方法。

一、按波型分类

根据波动传播时介质质点的振动方向相对于波的传播方向的不同，可将波动分为多种波形，在超声检测中主要应用的波型有纵波、横波、表面波和板波等。

1. 纵波 L

介质中质点的振动方向与波的传播方向互相平行的波，称为纵波，用 L 表示。如图 1-2 所示。

纵波中介质质点受到交变拉压应力作用并产生伸缩形变，故纵波亦称为压缩波；而且，由于纵波中质点疏密相间，故又称疏密波。

凡能承受拉伸或压缩应力的介质都能传播纵波。固体介质能承受拉伸或压缩应力，因此固体介质可以传播纵波。液体和气体虽然不能承受拉伸应力，但能承受压应力产生容积变化，因此液体和气体介质也可以传播纵波。

2. 横波 $S(T)$

介质中质点的振动方向与波的传播方向互相垂直的波称为横波，用 S 或 T 表示。如图 1-3 所示。当介质质点受到交变的剪切应力作用时，产生切变形变。从而形成横波。故横波又称为切变波。

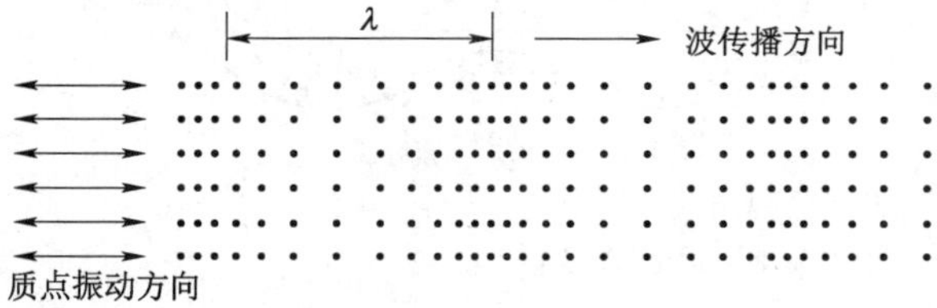

图 1-2　纵波

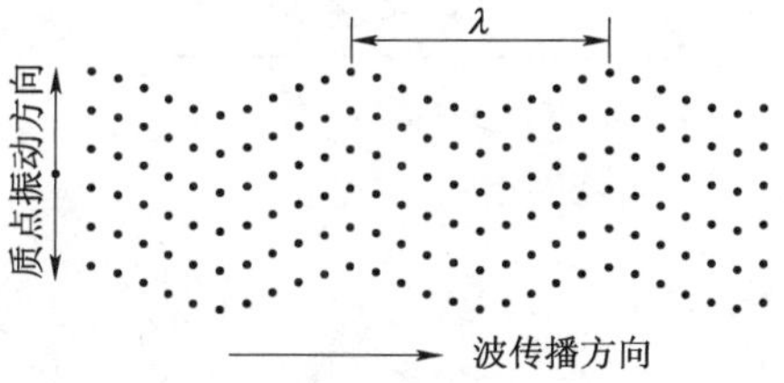

图 1-3　横波

只有固体介质才能承受剪切应力,液体和气体介质不能承受剪切应力,因此横波只能在固体介质中传播,不能在液体和气体介质中传播。

3. 表面波 *R*

当介质表面受到交变应力作用对,产生沿介质表面传播的波,称为表面波,常用 R 表示,如图 1-4 所示。表面波是瑞利 1887 年首先提出来的,因此表面波又称瑞利波。

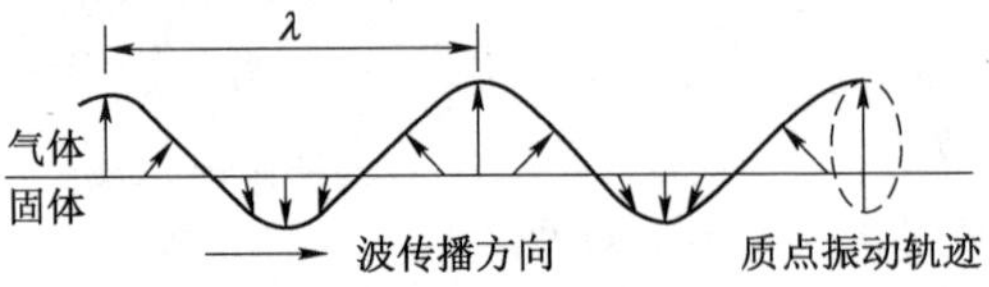

图 1-4 表面波(瑞利波)

表面波在介质表面传播时,介质表面质点作椭圆运动,椭圆长轴垂直于波的传播方向,短轴平行于波的传播方向。椭圆运动可视为纵向振动与横向振动的合成,即纵波与横波的合成。因此表面波同横波一样只能在固体介质中传播,不能在液体或气体介质中传播。

表面波只能在固体表面传播。表面波的能量随传播深度增加而迅速减弱。当传播深度超过两倍波长时,质点的振幅就已经很小了。因此,一般认为,表面波检测只能发现距工件表面两倍波长深度内的缺陷。

4. 板波

在板厚与波长相当的薄板中传播的波,称为板波。

根据质点的振动方向不同可将板波分为SH波和兰姆波。

(1) SH波:如图 1-5 所示,SH波是水平偏振的横波在薄板中传播的波。薄板中各质点的振动方向平行于板面而垂直于波的传播方向,相当于固体介质表面中的横波。

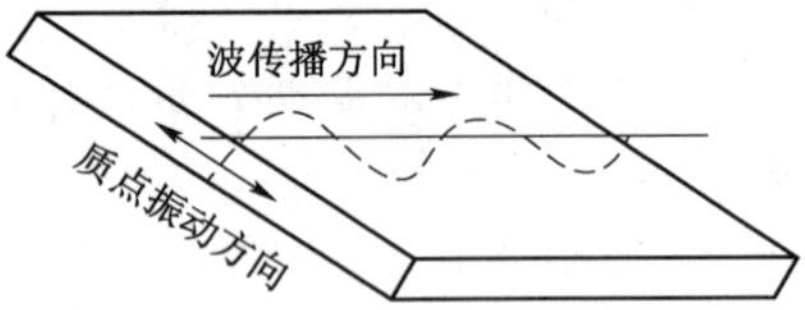

图 1-5 SH 波

(2) 兰姆波:兰姆波又分为对称型(S 型)和非对称型(A 型),如图 1-6 所示。

对称型(S 型)兰姆波的特点是薄板中心质点作纵向振动,上下表面质点作椭圆运动、振动相位相反并对称于中心,如图 1-6a 所示。

非对称型(A 型)兰姆波特点是薄板中心质点作横向振动,上下表面质点作椭圆运动、相位相同,不对称。如图 1-6b 所示。

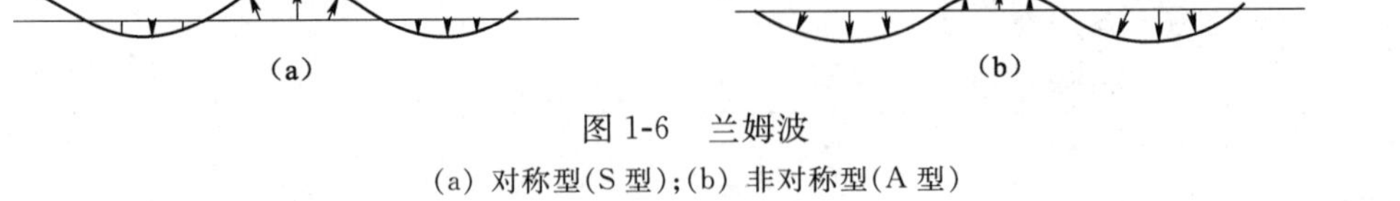

图 1-6 兰姆波

(a) 对称型(S 型);(b) 非对称型(A 型)

各种类型波的比较归纳在表 1-2 中。

表 1-2　各种类型波的比较

波的类型		质点振动特点	传播介质	应用
纵波		质点振动方向平行于波传播方向	固、液、气体	钢板、锻件检测等
横波		质点振动方向垂直于波传播方向	固体	焊缝、钢管检测等
表面波		质点作椭圆运动，椭圆长轴垂直波传播方向，短轴平行于波传播方向	固体	钢管检测等
板波	对称型（S 型）	上下表面：椭圆运动；中心：纵向振动	固体介质（厚度与波长相当的薄板）	薄板、薄壁钢管等（ $\delta<6$ mm）
	非对称型（A 型）	上下表面；椭圆运动；中心：横向振动		

二、按波形分类

波形（波的形状）：是指波阵面的形状。

波阵面：同一时刻，介质中振动相位相同的所有质点所连成的面称为波阵面。

波前：某一时刻，波动所到达的空间各点所连成的面称为波前。

波线：波的传播方向称为波线。

波前是最前面的波阵面，是波阵面的特例。任意时刻，波前只有一个，而波阵面却有很多。在各向同性的介质中，波线恒垂直于波阵面或波前。

据波阵面形状不同，可以把不同波源发出的波分为平面波、柱面波和球面波。

1. 平面波

波阵面为互相平行的平面的波称为平面波。平面波的波源为一平面，如图 1-7 所示。

尺寸远大于波长的刚性平面波源在各向同性的均匀介质中辐射的波可视为平面波。平面波波束不扩散，平面波各质点振幅是一个常数，不随距离而变化。

平面波的振动方程为：

$$y = A\cos\omega\left(t - \frac{x}{c}\right) \tag{1-1}$$

2. 柱面波

波阵面为同轴圆柱面的波称为柱面波。柱面波的波源为一条线，如图 1-8 所示。

长度远大于波长的线状波源在各向同性的介质中辐射的波可视为柱面波。柱面波波束向四周扩散，柱面波各质点的振幅与距离平方根成反比。

柱面波的振动方程为：

$$y = \frac{A}{\sqrt{x}}\cos\left(t - \frac{x}{c}\right) \tag{1-2}$$

3. 球面波

波阵面为同心球面的波称为球面波。球面波的波源为一点，如图 1-9 所示。

尺寸远小于波长的点波源在各向同性的介质中辐射的波可视为球面波。球面波波束向四面八方扩散，球面波各质点的振幅与距离成反比。

球面波的振动方程为：

$$y = \frac{A}{x}\cos\omega\left(t - \frac{x}{c}\right) \tag{1-3}$$

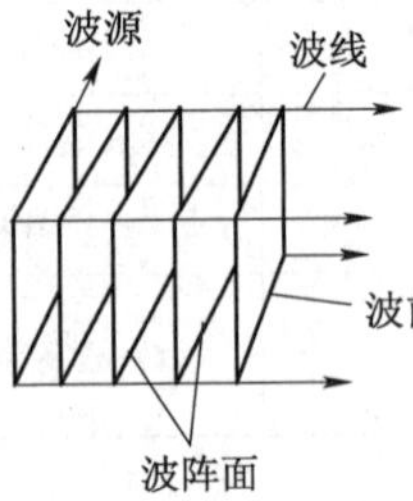

图 1-7 平面波

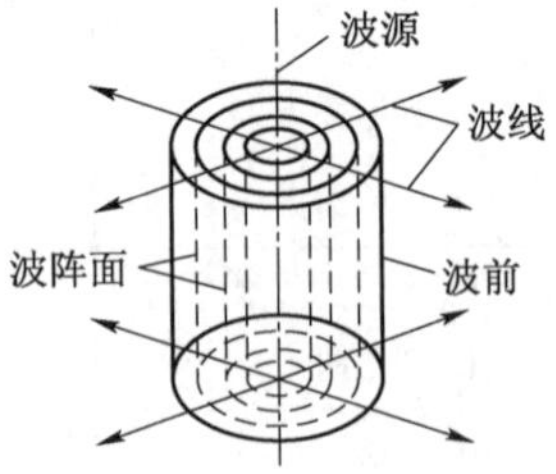

图 1-8 柱面波

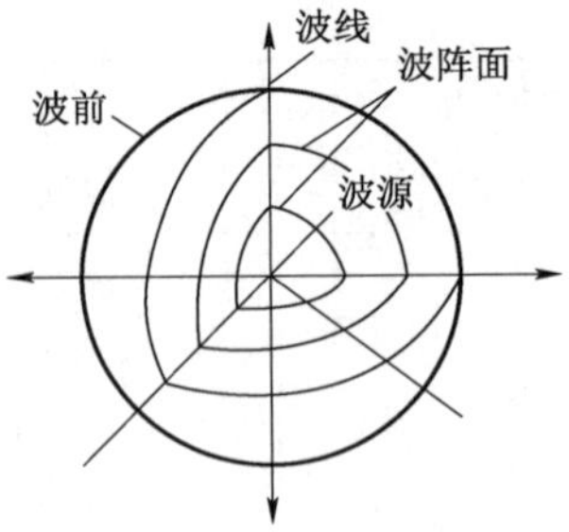

图 1-9 球面波

实际应用的超声波探头中的波源近似活塞振动，在各向同性的介质中辐射的波称为活塞波。当距离源的距离足够大时，活塞波类似于球面波。

三、按振动的持续时间分类

根据波源振动的持续时间长短，将波动分为连续波和脉冲波。

1. 连续波

波源持续不断地振动所辐射的波称为连续波，如图 1-10a 所示。超声波穿透法检测常采用连续波。

2. 脉冲波

波源振动持续时间很短（通常是微秒数量级，1 微秒=10^{-6} 秒），间歇辐射的波称为脉冲波，如图 1-10b 所示。目前超声波检测中广泛采用的就是脉冲波。

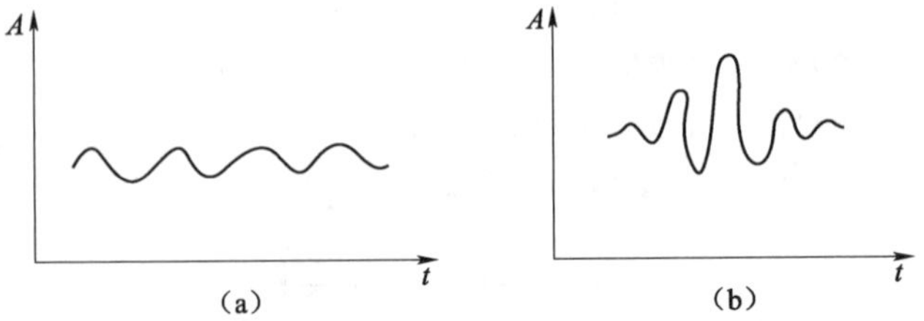

图 1-10 连续波与脉冲波

(a) 连续波；(b) 脉冲波

第四节 波的叠加、干涉和衍射

一、波的叠加和干涉

1. 波的叠加原理

当几列波在同一介质中传播时，如果在空间某处相遇，则相遇处质点的振动是各列波引起振动的合成，在任意时刻该质点的位移是各列波引起位移的矢量和。几列波相遇后仍保持自己原有的频率、波长、振动方向等特性并按原来的传播方向继续前进，好像在各自的途中没有遇到其他波一样，这就是波的叠加原理，又称波的独立性原理。

波的叠加现象可以从许多事实观察到，如两石子落水，可以看到两个以石子入水处为中心的圆形水波的叠加情况和相遇后的传播情况。又如乐队合奏或几个人谈话，人们可以分辨出各种乐器和各人的声音，这些都可以说明波传播的独立性。

2. 波的干涉

两列频率相同，振动方向相同，位相相同或位相差恒定的波相遇时，介质中某些地方的振动互相加强，而另一些地方的振动互相减弱或完全抵消的现象叫做波的干涉现象。

产生干涉现象的波叫相干波，其波源称为相干波源。

波的叠加原理是波的干涉现象的基础，波的干涉是波动的重要特征。在超声波检测中，由于波的干涉，使超声波源附近出现声压极大极小值。

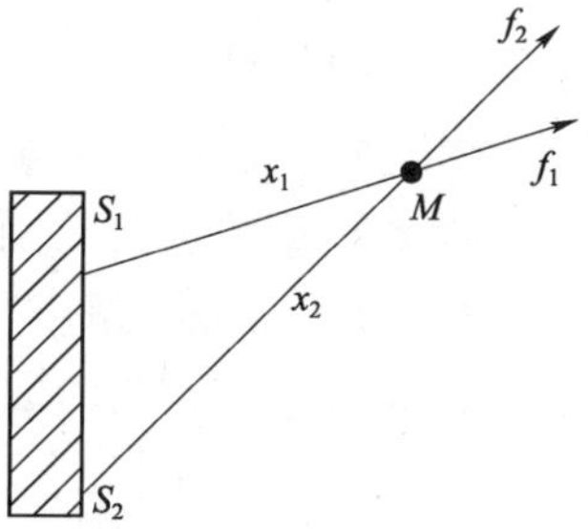

图 1-11　波的干涉

如图 1-11 所示，点波源 S_1、S_2 在 M 点引起的振动为：

$$y_1=A_1\cos\omega(t-x_1/c)$$

$$y_2=A_2\cos\omega(t-x_2/c)$$

质点 M 的合振动为：$y=A\cos2(\omega t+\varphi)$

其振幅
$$A=\sqrt{A_1^2+A_2^2+2A_1A_2\cos\frac{2\pi}{\lambda}\delta} \tag{1-4}$$

式中：A_1、A_2——S_1、S_2 在 M 点引起的振幅；

A——M 点的合振幅；

λ——波长；

δ——波程差，$\delta=x_2-x_1$。

由上可知：

(1) 当 $\delta=n\lambda$（n 为整数）时，$A=A_1+A_2$。这说明当两相干波的波程差等于波长的整数倍时，两者互相加强，合振幅达最大值。

(2) 当 $\delta=(2n+1)\lambda/2$（n 为整数）时，$A=|A_1-A_2|$。这说明当两相干波的波程差等于半波长的奇数倍时，两者互相抵消，合振幅最小。若 $A_1=A_2$，则 $A=0$，即两者完全抵消。

二、惠更斯原理和波的衍射

声波遇到障碍物以后会或多或少地偏离几何声学传播定律的现象，称为波的衍射或波的绕射。波的衍射现象是衍射时差法超声检测（TOFD）的物理基础。

1. 惠更斯原理

如前所述，波动是振动状态的传播，如果介质是连续的，那么介质中任何质点的振动都将引起邻近质点的振动，邻近质点的振动又会引起较远质点的振动，因此波动中任何质点都可以看作是新的波源。据此惠更斯于 1690 年提出了著名的惠更斯原理：介质中波动传播到的各点都可以看作是发射子波的波源，在其后任意时刻这些子波的包迹就决定新的波阵面。

利用惠更斯原理可以确定波前的几何形状和波的传播方向。

如图 1-12 所示，波源作活塞振动，以波速 C 向周围辐射超声波。先以波源表面各点为中心，以 C_t 为半径画出各球形子波，作切于各子波的包迹得波阵面 S_1。再以 S_1 表面各点为中心，以 $C\Delta t$ 为半径画出各球形子波，作切于各子波的包迹得波前 S_2。由波线垂直于波阵面便可确定波的传播方向。

2. 波的衍射(绕射)

在传播过程中遇到与波长相当的障碍物时，能绕过障碍物边缘改变方向继续前进的现象，称为波的衍射或波的绕射。

如图 1-13 所示，超声波在介质中传播时，若遇到缺陷 AB，据惠更斯原理，缺陷边缘 A、B 可以看作是发射子波的波源，使波的传播方向改变，从而使缺陷背后的声影缩小，反射波降低。

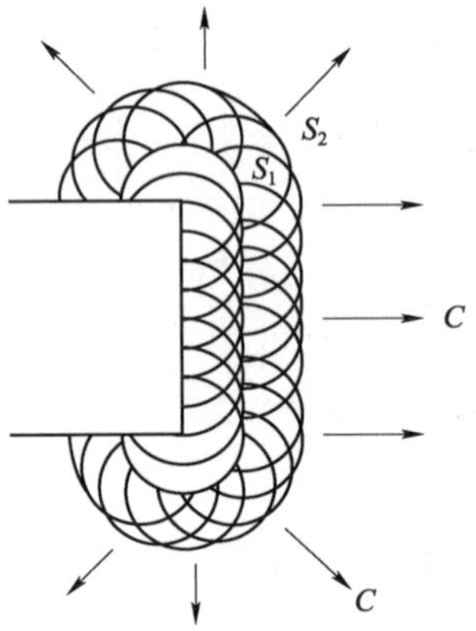

图 1-12 惠更斯—菲涅耳原理用于声学的原理图

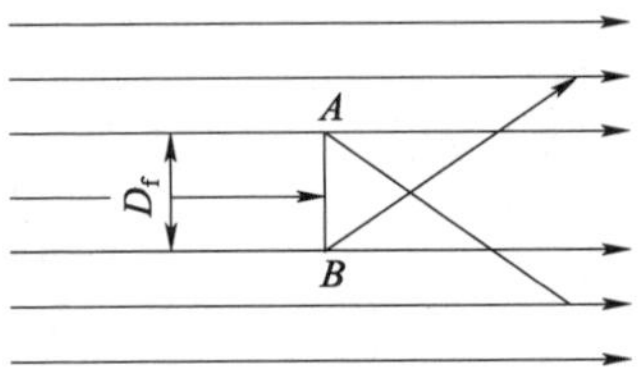

图 1-13 波的衍射

波的绕射和障碍物尺寸 D_f 及波长 λ 的相对大小有关。当 $D_f \ll \lambda$ 时，波的绕射强，反射弱，缺陷回波很低，容易漏检。超声检测灵敏度约为 $\lambda/2$，这是一个重要原因。当 $D_f \gg \lambda$ 时，反射强，绕射弱，声波几乎全反射。

波的绕射对检测既有利又不利。由于波的绕射，使超声波产生晶粒绕射顺利地在介质中传播，这对检测是有利的。但同时由于波的绕射，使一些小缺陷回波显著下降，以致造成漏检，这对检测不利。

第五节 超声波的传播速度

超声波在介质中的传播速度与介质的弹性模量和密度有关。对特定的介质，弹性模量和密度为常数，故声速也是常数。不同的介质，有不同的声速。超声波波型不同时，介质弹性变形型式不同，声速也不一样。超声波在介质中的传播速度是表征介质声学特性的重要参数。

一、固体介质中的纵波、横波与表面波声速

固体介质不仅能传播纵波，而且可以传播横波和表面波等，但它们的声速是不相同的。此外介质尺寸的大小对声速也有一定的影响，无限大介质与细长棒中的声速也不一样。

1. 无限大固体介质中的声速

无限大固体介质是相对于波长而言的，当介质的尺寸远大于波长时，就可以视为无限大介质。

固体介质中的声速与介质的密度和弹性模量等有关，不同的介质，声速不同；介质的弹性模量越大，密度越小，则声速越大。

声速还与波的类型有关。在同一固体介质中，纵波、横波和表面波的声速各不相同，并且相互之间有以下关系：$c_L > c_S > c_R$。

这表明，在同一种固体材料中，纵波声速大于横波声速，横波声速又大于表面波声速。

对于钢材，$\sigma \approx 0.28$，$c_L \approx 1.8c_S$，$c_R \approx 0.9c_S$，即 $c_L:c_S:c_R \approx 1.8:1:0.9$。

2. 声速与温度、应力、均匀性的关系

固体介质中的声速与介质温度、应力、均匀性有关。

一般固体中的声速随介质温度升高而降低。

固体介质的应力状况对声速有一定的影响。当应力方向与声速传播方向一致时，若应力为压应力，则应力增加，声速加快；反之，若应力为拉应力，则声速减慢。例如，对于 26 ℃下的纯铁，压应力 P=1 000 Pa 时，c_S=3 219 m/s；压应力 P=9 000 Pa 时，c_S=3 252 m/s。

固体材料组织均匀性对声速的影响在铸铁中表现较为突出。铸铁表面与中心，由于冷却速度不同而具有不同的组织，表面冷却快，晶粒细，声速大；中心冷却慢，晶粒粗，声速小。此外，铸铁中石墨含量和尺寸对声速也有影响，石墨含量和尺寸增加，声速减少。

二、液体、气体介质中的声速

1. 液体、气体中声速

由于液体和气体只能承受压应力，不能承受剪切应力，因此液体和气体介质中只能传播纵波，不能传播横波和表面波。液体、气体介质中的纵波声速与其容变弹性模量和密度有关，介质的容变弹性模量越大、密度越小，声速就越大。

2. 液体介质中的声速与温度的关系

几乎除水以外的所有液体，当温度 t 升高时，容变弹性模量减小，声速降低。唯有水例外，温度在 74 ℃左右时声速达最大值，当温度低于 74 ℃时，声速随温度升高而增加；当温度高于 74 ℃时，声速随温度升高而降低。水中声速与温度的关系如下：

$$c_L = 1\,557 - 0.024\,5(74 - t)^2 \tag{1-5}$$

第六节 超声场的特征值

充满超声波的空间或超声振动所波及的部分介质，叫超声场。超声场具有一定的空间大小和形状，只有当缺陷位于超声场内时，才有可能被发现。描述超声场的特征值（即物理量）主要有声压、声强和声阻抗。

一、声压 P

超声场中某一点在某一时刻所具有的压强 P_1 与没有超声波存在时的静态压强 P_0 之差，

称为该点的声压,用 P 表示。

$$P=P_1-P_0 \tag{1-6}$$

声压单位:帕斯卡(Pa),微帕斯卡(μPa)1 Pa=1 N/m^2,1 Pa=10^6 μP$_a$

超声场中某一点的声压随时间和该点至波源的距离按正弦函数周期性地变化。声压的幅值与介质的密度、波速和频率成正比。因为超声波的频率很高,因此超声波的声压远大于声波的声压。

超声检测仪器显示的信号幅度的本质就是声压 P,示波屏上的波高与声压成正比。在超声检测中,就缺陷而论,声压值反映缺陷的大小。

二、声阻抗 Z

超声场中任一点的声压与该处质点振动速度之比称为声阻抗,常用 Z 表示。

$$Z=P/u=\rho cu/u=\rho c \tag{1-7}$$

声阻抗的单位为克/厘米^2·秒(g/cm^2·s)或千克/米^2·秒(kg/m^2·s)。

由上式可知,声阻抗的大小等于介质的密度与波速的乘积。由 $u=P/Z$ 不难看出,在同一声压下,Z 增加,质点的振动速度下降。因此声阻抗 Z 可理解为介质对质点振动的阻碍作用。这类似于电学中的欧姆定律 $I=U/R$,电压一定,电阻增加,电流减少。

声阻抗是表征介质声学性质的重要物理量。超声波在两种介质组成的界面上的反射和透射情况与两种介质的声阻抗密切相关。材料的声阻抗与温度有关,一般材料的声阻抗随温度升高而降低。这是因为声阻抗 $Z=\rho c$,而大多数材料的密度 ρ 和声速 c 随温度增加而减少。

三、声强 I

单位时间内垂直通过单位面积的声能称为声强,常用 I 表示。单位是瓦/厘米^2(W/cm^2)或焦耳/厘米^2·秒(J/cm^2·s)。

当超声波传播到介质中某处时,该处原来静止不动的质点开始振动。因而具有动能。同时该处介质产生弹性变形,因而也具有弹性位能,其总能量为两者之和。

超声波传播过程中,单位体积元所具有的总能量周期性地变化,时而达最大,时而为零。这说明体积元在不断地接收和放出能量,超声波的能量是一层接一层地传播出去的。体积元的动能和势能同时最大,同时为零,这与单独的振动系统完全不同,单独的振动系统符合机械能守恒,动能最大时,势能为零,势能最大时,动能为零,动能与势能之和等于常数。这是因为机械能守恒的条件是系统只受到重力或弹性力作用。而这里介质中质点除受到弹性力外,还受到质点间摩擦力,因此不符合机械能守恒。

由于超声波的声强与频率平方成正比,而超声波的频率远大于可闻声波。因此超声波的声强也远大于可闻声波的声强。这是超声波用于检测的重要原因。

在同一介质中,超声波的声强与声压的平方成正比。

四、分贝与奈培

1. 分贝与奈培的概念

分贝与奈培就是两个同量纲的量之比取对数后的单位。通常规定引起听觉的最弱声强为 $I_1=10^{-16}$ W/cm^2 作为声强的标准，另一声强 I_2 与标准声强 I_1 之比的常用对数称为声强级，单位为贝(尔)(B)。

$$\Delta=\lg(I_2/I_1)(\text{B})$$

实际应用贝尔太大，故常取其 1/10 即分贝(dB)来作单位：

$$\Delta=10\lg(I_2/I_1)=20\lg(P_2/P_1)(\text{dB}) \tag{1-8}$$

通常说某处的噪声为多少分贝，就是以 10^{-16} W/cm^2 为标准利用上式计算得到的。

在超声波检测中，当超声波检测仪的垂直线性较好时，仪器示波屏上的波高与声压成正比。这时有：

$$\Delta=20\lg(P_2/P_1)=20\lg(H_2/H_1)(\text{dB}) \tag{1-9}$$

这里声压基准 P_1 或波高基准 H_1 可以任意选取。

(1) 当 $H_2/H_1=1$ 时，$\Delta=0$ dB，说明两波高相等时，二者的分贝差为零

(2) 当 $H_2/H_1=2$ 时，$\Delta=6$ dB，说明 H_2 为 H_1 的 2 倍时，H_2 比 H_1 高 6 dB。

(3) 当 $H_2/H_1=1/2$ 时，$\Delta=-6$ dB，说明 H_2 为 H_1 的 1/2 时，H_2 比 H_1 低 6 dB。

若对 P_2/P_1 或 H_2/H_1 取自然对数，则其单位为奈培(NP)

$$\Delta=\ln(P_2/P_1)=\ln(H_2/H_1)(\text{NP}) \tag{1-10}$$

令 $P_2/P_1=e$，$\Delta=\ln(P_2/P_1)=\ln e=1(\text{NP})$

$$\Delta=20\lg(P_2/P_1)=20\lg e=8.68(\text{dB})$$

所以，1 NP=8.68 dB，1 dB=0.115 NP

2. 分贝与奈培的应用

分贝与奈培用于表示两个相差很大的量之比显得很方便，在声学和电学中都得到广泛的应用，特别是在超声波检测中应用更为广泛。例如波屏上两波高的比较就常常用 dB 表示。

例 1-1　示波屏上一波高为 80 mm，另一波高为 20 mm，问前者比后者高多少 dB？

解：$\Delta=20\lg(H_2/H_1)=20\lg(80/20)=12(\text{dB})$

答：前者比后者高 12 dB。

例 1-2　示波上有 A、B、C 三个波，其中 A 波比 B 波高 3 dB，C 波比 B 波低 3 dB，已知 B 波高为 50 mm，求 A、C 各为多少？

解：由已知得 $\Delta=20\lg(A/B)=3$

所以，$A=10^{0.15}\times B=1.4\times50=70(\text{mm})$

又，$\Delta=20\lg(C/B)=-3$

所以，$C=10^{-0.15}\times B=0.7\times50=35(\text{mm})$

答：A、C 分别为 70 mm 和 35 mm。

用分贝值表示回波幅度的相互关系，不仅可以简化运算，而且在确定基准波高以后，可

直接用仪器衰减器的读数表示缺陷波相对波高。因此,分贝概念的引用对超声检测有很重要的实用价值。此外在超声波的定量计算中和衰减系数的测定中也常常用到分贝。

第七节 超声波倾斜入射到界面时的反射和折射

一、波型转换与反射、折射定律

如图 1-14 所示,当超声波倾斜入射到界面时,除产生同种类型的反射和折射波外,还会产生不同类型的反射和折射波,这种现象称为波型转换。

1. 纵波斜入射

当纵波 L 倾斜入射到固/固界面时,除产生反射纵波 L' 和折射纵波 L'' 外,还会产生反射横波 S' 和折射横波 S'',如图 l-14a 所示。

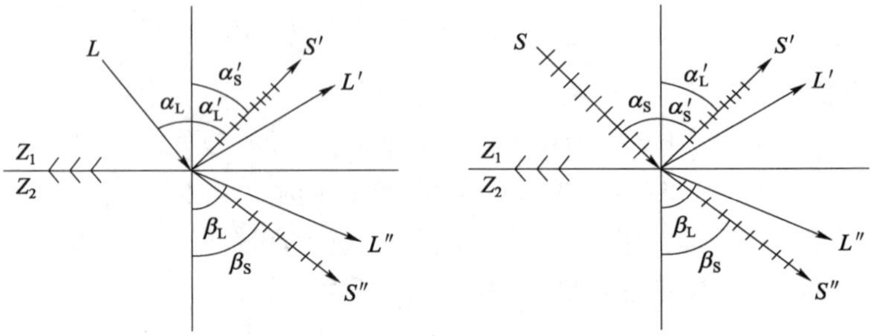

图 1-14 倾斜入射
(a) 纵波入射;(b) 横波入射

各种反射波和折射波方向符合反射、折射定律:

$$\frac{\sin\alpha_L}{c_{L1}} = \frac{\sin\alpha_L'}{c_{L1}} = \frac{\sin\alpha_s'}{c_{s1}} = \frac{\sin\beta_L}{c_{L2}} = \frac{\sin\beta_s}{c_{s2}} \tag{1-11}$$

式中:c_{L1}、c_{s1}——第一介质中的纵波、横波波速;

c_{L2}、c_{s2}——第二介质中的纵波、横波波速;

α_L、α_L'——纵波入射角、反射角;

β_L、β_S——纵波、横波折射角;

α_s'——横波反射角。

由于同一介质中纵波波速不变,因此 $\alpha_L'=\alpha_L$。又由于在同一介质中纵波波速大于横波波速,因此 $\alpha_L' > \alpha_s'$,$\beta_L > \beta_s$。

(1) 第一临界角 α_I:当 $c_{L2} > c_{L1}$ 时,$\beta_L > \alpha_L$,随着 α_L 增加,β_L 也增加,当 α_L 增加到一定程度时,$\beta_L=90°$,这时所对应的纵波入射角称为第一临界角,用 α_I 表示,如图 1-15a 所示。

$$\alpha_I = \arcsin\frac{c_{L1}}{c_{L2}} \tag{1-12}$$

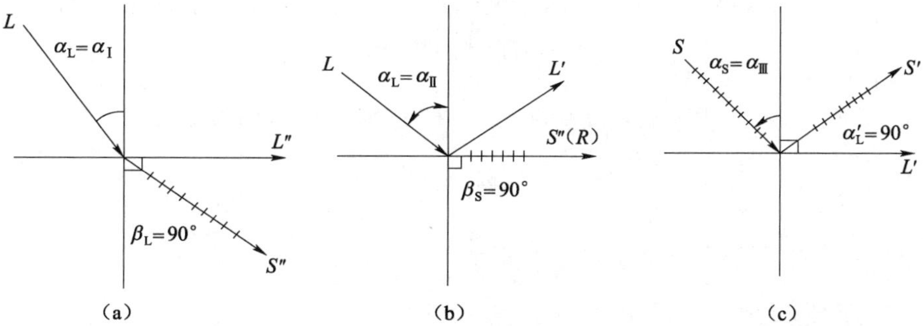

图 1-15　临界角

(a) α_I；(b) α_{II}；(c) α_{III}

(2) 第二临界角α_{II}：当$c_{s2}>c_{L1}$时，$\beta_s>\alpha_L$，随着α_L增加，β_s也增加，当α_L增加到一定程度时，$\beta_s=90°$，这时所对应的纵波入射角称为第二临界角，用α_{II}表示，如图 1-15b。

$$\alpha_{II} = \arcsin \frac{c_{L1}}{c_{s2}} \tag{1-13}$$

由α_I和α_{II}的定义可知：

1) 当$\alpha_L<\alpha_I$时，第二介质中即有折射纵波L''又有折射横波S''；

2) 当$\alpha_L=\alpha_I\sim\alpha_{II}$时，第二介质中只有折射横波 S''，没有折射纵波 L''，这就是横波探头的制作原理；

3) 当$\alpha_L\geqslant\alpha_{II}$时，第二介质中既无折射纵波$L''$，又无折射横波$S''$。这时在其介质的表面存在表面波$R$，这就是常用表面波探头的制作原理。

例 1-3　纵波倾斜入射到有机玻璃/钢界面时。有机玻璃中：c_{L1}=2 730 m/s，钢中：c_{L2}=5 900 m/s，c_{s2}=3 230 m/s。则第一、二临界角分别为：

$$\alpha_I = \arcsin \frac{c_{L1}}{c_{L2}} = \frac{2\,730}{5\,900} = 27.6°$$

$$\alpha_{II} = \arcsin \frac{c_{L1}}{c_{s2}} = \frac{2\,730}{3\,230} = 57.7°$$

由此可见，有机玻璃横波探头楔块角度α_L=27.6°～57.7°，有机玻璃表面波探头楔块角度$\alpha_L\geqslant$57.7°。

2. 横波斜入射

当横波倾斜入射到界面时，同样会产生波型转换，如图 1-14b 所示。各反射、折射波的方向符合反射、折射定律：

$$\frac{\sin\alpha_s}{c_{s1}} = \frac{\sin\alpha'_s}{c_{s1}} = \frac{\sin\alpha'_L}{c_{L1}} = \frac{\sin\beta_L}{c_{L2}} = \frac{\sin\beta_s}{c_{s2}} \tag{1-14}$$

不难看出，横波倾斜入射时，同样存在第一、二临界角，由于在实际检测中无多大实际意义，故这里不再讨论，这里只讨论第三临界角α_{III}。

由 $\sin\alpha_s/c_{s1}=\sin\alpha'_L/c_{L1}$，因为 $c_{L1}>c_{s1}$，所以$\alpha'_L>\alpha_s$，随α_s增加，α'_L也增加，当α_s增加到一定程度时，α'_L=90°，这时所对应的横波入射角称为第三临界角，用α_{III}表示，如图 1-15c 所示。

$$\alpha_{Ⅲ} = \arcsin \frac{c_{s1}}{c_{L1}} \tag{1-15}$$

当$\alpha_s \geqslant \alpha_{Ⅲ}$时，第一介质中只有反射横波，没有反射纵波，即横波全反射。

对于钢：c_{L1}=5 900 m/s，c_{s1}=3 230 m/s，$\alpha_{Ⅲ} = \arcsin \frac{c_{s1}}{c_{L1}} = \frac{3\ 230}{5\ 900} = 33.2°$

当$\alpha_s \geqslant 33.2°$时，钢中横波全反射。

二、声压反射率

超声波反射、折射定律只讨论了各种反射波、折射波的方向问题，未涉及声压反射率和透射率问题。由于倾斜入射时，声压反射率、透射率不仅与介质的声阻抗有关，而且与入射角有关，其理论计算公式十分复杂，因此这里只介绍由理论计算结果绘制的曲线图形。

1. 纵波倾斜入射到钢/空气界面的反射

当纵波倾斜入射到钢/空气界面时，纵波声压反射率 r_{LL}（$r_{LL} = \frac{P_{rL}}{P_{oL}}$）与横波声压反射率 r_{LS}（$r_{LS} = \frac{P_{rS}}{P_{oL}}$）随入射角$\alpha_L$ 而变化。当α_L=60°左右时，r_{LL} 很低，r_{LS} 较高。原因是纵波倾斜入射，当α_L=60°左右时产生一个较强的变型反射横波。

2. 横波倾斜入射到钢/空气界面的反射

横波倾斜入射到钢/空气界面横波声压反射率，横波声压反射率r_{ss}（$r_{ss} = \frac{P_{rs}}{P_{os}}$）与纵波声压反射率 r_{sL}（$r_{sL} = \frac{P_{rL}}{P_{os}}$）随入射角$\alpha_s$ 而变化。当α_s=30°时，r_{ss} 很低，r_{sL} 较高。当$\alpha_s \geqslant 33.2°$（$\alpha_{Ⅲ}$）时，r_{ss}=100%即钢中横波全反射。

第八节 超声波的衰减

超声波在介质中传播时，随着距离增加，超声波能量逐渐减弱的现象叫做超声波衰减。

一、衰减的原因

引起超声波衰减的主要原因是波束扩散、晶粒散射和介质吸收。

1. 扩散衰减

超声波在传播过程中，由于波束的散，使超声波的能量随距离增加而逐渐减弱的现象称为扩散衰减。超声波的扩散衰减仅取决于波面的形状，与介质的性质无关。平面波波阵面为平面，波束不扩散，不存在扩散衰减。柱面波阵面为同轴圆柱面。波束向四周扩散，存在扩散衰减，声压与距离的平方根成反比。球面波阵面为同心球面，波束向四面八方扩散，存在扩散衰减，声压与距离成反比。

2. 散射衰减

超声波在介质中传播时，遇到声阻抗不同的界面产生散乱反射引起衰减的现象，称为散射衰减。散射衰减与材质的晶粒密切相关，当材质晶粒粗大时，散射衰减严重，被散射的超声波沿着复杂的路径传播到探头，在示波屏上引起草状回波（又叫草波），使信噪比下降，严重时噪声会淹没缺陷波。

3. 吸收衰减

超声波在分质中传播时，由于介质中质点间内摩擦（即黏滞性）和热传导引起超声波的衰减，称为吸收衰减或黏滞衰减。

除了以上三种衰减外，还有位错引起的衰减，磁畴壁引起的衰减和残余应力引起的衰减等。

通常所说的介质衰减是指吸收衰减与散射衰减，不包括扩散衰减。

二、衰减系数的测定

1. 薄板工件衰减系数的测定

对于厚度较小，上下底面互相平行，表面光洁的薄板工件或试块。可用直探头波在薄板表面，使声波在上下表面往复反射，在示波屏上出现多次底波。由于介质衰减和反射损失，使底波高度依次减少，如图 1-16 所示。其介质衰减系数按下式计算：

$$\alpha = \frac{20\lg(B_m / B_n) - \delta}{2(n-m)x} \quad (\mathrm{dB/mm}) \tag{1-16}$$

式中：m、n——底波的反射次数；

B_m、B_n——第 m、n 次底波高度；

δ——反射损失，每次反射损失约为(0.5～1.0)dB；

x——薄板的厚度。

该公式没有考虑扩散衰减，因此现场应用时应根据薄板厚度来确定波的次数，使声波的传播距离在波束未扩散区内。

2. 厚板或粗圆柱体衰减系数的测定

对于厚度大于 200 mm 的板材或轴类零件，可根据第一、二次底波 B_1、B_2 高度来测试衰减系数，如图 1-17 所示。图中 B_1、B_2 高度差由扩散衰减、介质衰减、反射损失引起。这时介质衰减系数 α 按下式计算：

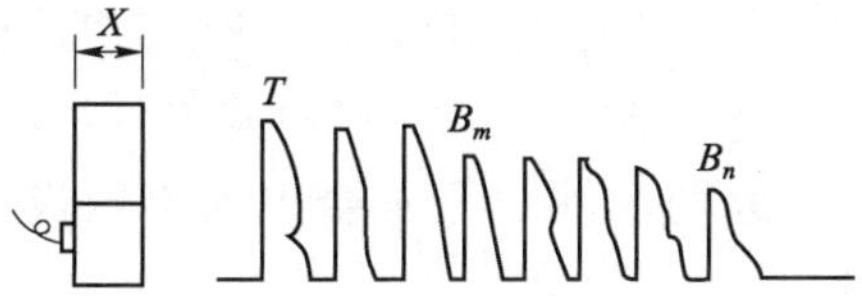

图 1-16　薄板工件衰减系数的测定

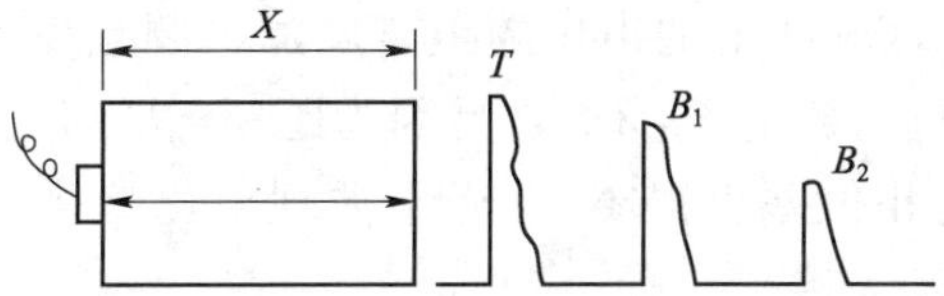

图 1-17　厚板工件衰减系数的测定

$$\alpha = \frac{20\lg(B_1 / B_2) - 6 - \delta}{2x} \tag{1-17}$$

式中：B_1、B_2——第一、二次底波高度；

6——散衰减引起的分贝差；

δ——反射损失；

x——工件厚度。

例1-4　某工件厚度 x=500 mm，测得 B_1=80%，B_2=20%，反射损失 δ=0.5 dB，则工件的衰减系数为：

$$\alpha = \frac{20\lg(B_1 / B_2) - 6 - \delta}{2x} = \frac{20\lg(80 / 20) - 6 - 0.5}{2 \times 500} = 0.005\ (\text{dB/mm})$$

第九节　超声波发射声场

一、纵波发射声场

1. 圆盘波源辐射的纵波声场

(1) 近场区：波源附近由于波的干涉而出现一系列声压极大极小值的区域，称为超声场的近场区，又叫菲涅耳区。近场区声压分布不均，是由于波源各点至轴线上某点的距离不同，存在波程差，互相叠加时存在相位差而互相干涉，使某些地方声压互相加强，另一些地方互相减弱，于是就出现声压极大极小值的点。

波源轴线上最后一个声压极大值至波源的距离称为近场区长度，用 N 表示。近场长度为：

$$N = \frac{D_s^2 - \lambda^2}{4\lambda} \approx \frac{D_s^2}{4\lambda} = \frac{R_s^2}{\lambda} = \frac{F_s}{\lambda} \tag{1-18}$$

式中：D_s——波源的直径；

λ——波长；

R_s——波源的半径；

F_s——波源的面积。

因此，近场区长度与波源面积成正比，与波长成反比。

近场区检测定量是不利的，处于声压极小值处的较大缺陷回波可能较低，而处于声压极大值处的较小缺陷回波可能较高，这样就容易引起误判，甚至漏检，因此应尽可能避免在近场区检测定量。

(2) 远场区：波源轴线上至波源的距离 $x>N$ 的区域称为远场区，又叫富琅和费区。远场区轴线上的声压随距离增加单调减少。当 $x>3N$ 时，声压与距离成反比，近似球面波的规律，$P=P_oF_s/\lambda x$。这是因为距离 x 足够大时，波源各点至轴线上某一点的波程差很小，引起的相位差也很小，这样干涉现象可略去不计。所以远场区轴线上不会出现声压极大极小值。

(3) 超声场横截面声压分布

超声场近场区与远场区各横截面上的声压分布是不同的。如图 1-18 所示。

在 $X<N$ 的近场区内，存在中心轴线上声压为 0 的截面，如 x=0.5 N 的截面，中心声压为 0，偏离中心声压较高。在 $X\geqslant N$ 的远场区内，截面中心声压最高，偏离中心声压逐渐降低。

实际检测中，测定探头波束轴线的偏离和横波斜探头的 K 值时，规定要在 $2N$ 以外进行就是这个原因。

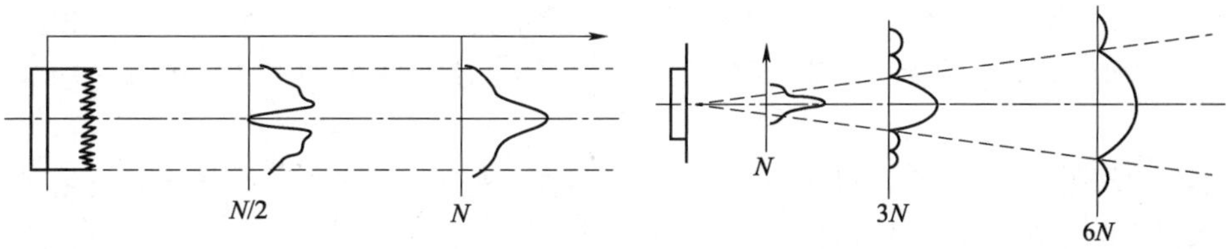

图 1-18　超声场横截面声压分布

（4）波束指向性和半扩散角

1）超声场中至波源充分远处同一横截面上各点的声压是不同的，以轴线上的声压为最高。实际检测中，只有当波束轴线垂直于缺陷时，缺陷回波最高就是这个原因。

2）纵波声场中存在一些声压为零的圆锥面。

$$\theta_0 = \arcsin 1.22\frac{\lambda}{D_s} \approx 70\frac{\lambda}{D_s}(^\circ) \tag{1-19}$$

式中：θ_0——圆盘源辐射的纵波声场的第一零值发散角，又称半扩散角。

3）半扩散角 θ_0 以外的声场声压很低，超声波的能量主要集中在半扩散角 θ_0 以内。因此可以认为半扩散角限制了波束的范围。$2\theta_0$ 以内的波束称为主波束，只有当缺陷位于主波束范围时，才容易被发现。以确定的扩散角向固定的方向辐射超声波的特性称为波束指向性。

4）在超声波主波束之外尚存在一些副瓣，但由于副瓣能量很低和介质对超声波的衰减作用，波源附近开始传播后衰减很快。

5）由 $\theta_0=70\lambda/D_s$ 可知，增加探头直径 D_s，提高检测频率 f，半扩散角 θ_0 将减小，即可以改善波束指向性，使超声波的能量更集中，有利于提高检测灵敏度；但由 $N=D_s^2/4\lambda$ 可知，增大 D_s 和 f，近场区长度 N 增加，对检测不利。因此在实际检测中要综合考虑 D_s 和 f 对 θ_0 及 N 的影响，合理选择 D_s 和 f。一般是在保证检测灵敏度的前提下尽可能减少近场区长度。

（5）波束未扩散区与扩散区

超声波波源辐射的超声波是以特定的角度向外扩散出去的，但并不是从波源开始扩散的。而是在波源附近存在一个未扩散区 b，其理想化的形状，如图 1-19 所示。

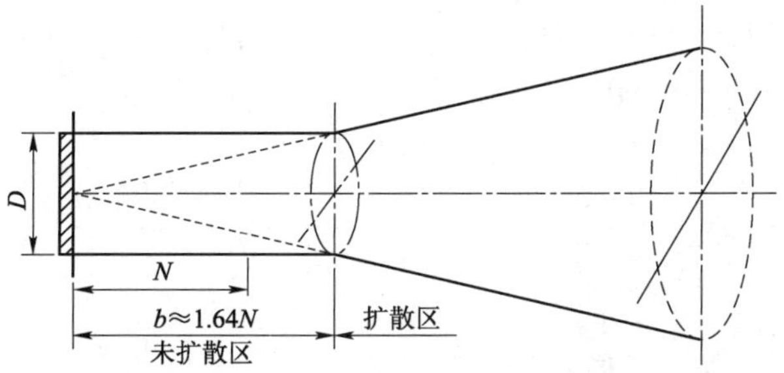

图 1-19　圆盘源辐射的理想化声场

由 $\sin\theta_0 = 1.22\dfrac{\lambda}{D_s} = \dfrac{D_s/2}{\sqrt{b^2+(D_s/2)^2}}$ 得：$b \approx \dfrac{D_s^2}{2.44} = 1.64N$ (1-20)

在波束未扩散区 b 内，波束不扩散，不存在扩散衰减，各截面平均声压基本相同。因此薄板试块前几次底波相差无几。到波源的距离 $x>b$ 的区域称为扩散区，扩散区内波束扩散衰减。

例 1-5 若用 f=2.5 MHz，D_s=20 mm 的探头检测波速 c_L=5 900 m/s 的钢工件，那么近场区长度 N、半扩散角 θ_0 和 b 分别为：

$$N = \frac{D_s^2}{4\lambda} = \frac{D_s^2 f}{4c_L} = \frac{20^2\times 2.5\times 10^6}{4\times 5\ 900\times 10^3} = 42.4\ (\text{mm})$$

$$\theta_0 = 70\frac{\lambda}{D_s} = 70\frac{c_L}{D_s f} = 70\times\frac{5\ 900\times 10^3}{20\times 2.5\times 10^6} = 8.26^\circ$$

$$b = 1.64N = 1.64\times 42.4 = 69.5\ (\text{mm})$$

2. 纵波声场近场区在两种介质中的分布

公式 $N=F_s/\pi\lambda$ 只适用均匀介质。实际检测中，有时近场区分布在两种不同的介质中，如图 1-20 所示的水浸检测，超声波是先进入水，然后再进入钢中。当水层厚度较小时，近场区就会分布在水、钢两种介质中，设水层厚度为 L，则钢中剩余近场区长度 N' 为：

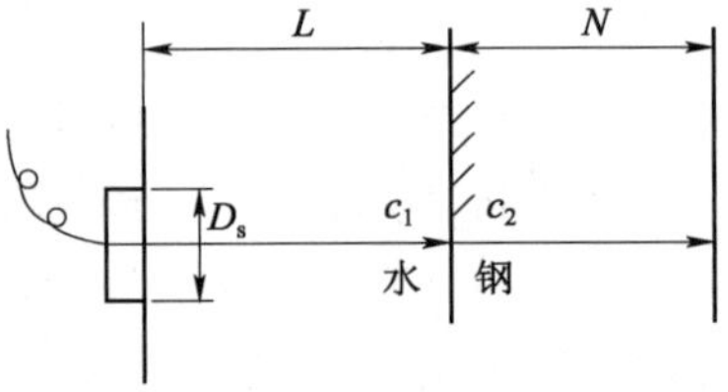

图 1-20 近场区在两种介质中分布

基于钢中近场区计算，则：

$$N' = N_2 - L\frac{c_1}{c_2} = \frac{D_s^2}{4\lambda_2} - L\frac{c_1}{c_2} \qquad (1\text{-}21)$$

若基于水中近场区计算，则：$N' = (N_1 - L)\dfrac{c_1}{c_2} = \left(\dfrac{D_s^2}{4\lambda_1} - L\right)\dfrac{c_1}{c_2}$ (1-22)

式中：N_1——介质Ⅰ水中近场长度；

N_2——介质Ⅱ钢中近场长度；

c_1——介质Ⅰ水中波速；

c_2——介质Ⅱ钢中波速；

λ_2——介质Ⅱ钢中波长。

例 1-6 用 2.5 MHz、ϕ14 mm 纵波直探头水浸检测钢板，已知水层厚度为 20 mm，钢中 c_L=5 900 mm/s，水中 c_L=1 480 m/s。求钢中近场区长度 N。

解：钢中纵波波长：$\lambda_2=c/f=5.9/2.5=2.36$(mm)

钢中近场区长度 N：$N = \dfrac{D_s^2}{4\lambda_2} - L\dfrac{c_1}{c_2} = \dfrac{14^2}{4\times 2.36} - 20\times\dfrac{1\ 480}{5\ 900} = 15.7\ (\text{mm})$

二、横波发射声场

1. 假想横波波源

目前常用的横波探头，是使纵波倾斜入射到界面上，通过波型转换来实现横波检测的。

当入射角大于第一临界角α_{I}且小于第二临界角α_{II}时，纵波全反射，第二介质中只有折射横波。

横波探头辐射的声场由第一介质中的纵波声场与第二介质中的横波声场两部分组成，两部分声场是折断的，如图 1-21 所示，为了便于理解计算，特将第一介质中的纵波波源转换为轴线与第二介质中横波波束轴线重合的假想横波波源，这时整个声场可视为由假想横波波源辐射出来的连续的横波声场。

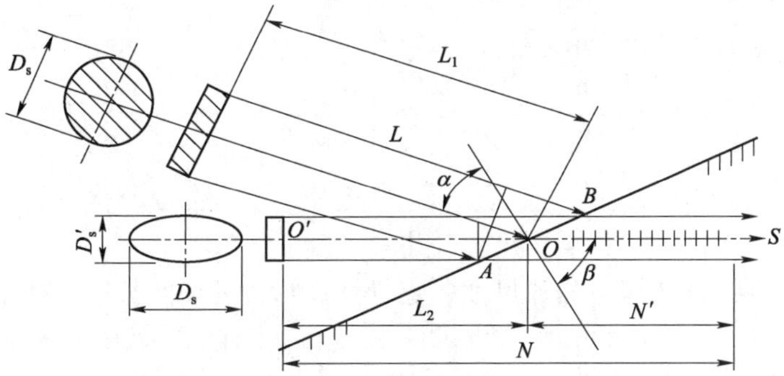

图 1-21　横波声场

当实际波源为圆形时，其假想横波波源为椭圆形，椭圆的长轴等于实际波源的直径 D_S，短轴 D_s'为：

$$D_s' = D_s \frac{\cos\beta}{\cos\alpha} \tag{1-23}$$

式中：β——横波折射角；

α——纵波入射角。

2. 横波声场的结构

(1) 近场区长度

横波声场近场区长度为：

$$N = \frac{F_s}{\pi\lambda_{s2}} \times \frac{\cos\beta}{\cos\alpha} \tag{1-24}$$

式中：N——近场区长度，由假想波源 O'算起。

由以上公式可知，横波声场的近场区长度和纵波声场一样，与波长成反比，与波源面积成正比。

横波声场中，第二介质中的近场区长度 N'为：

$$N' = N - L_2 = \frac{F_s}{\pi\lambda_{s2}} \times \frac{\cos\beta}{\cos\alpha} - L_1\frac{\tan\beta}{\tan\alpha} \tag{1-25}$$

式中：F_s——波源面积；

λ_{s2}——介质Ⅱ中横波波长；

L_1——入射点至波源的距离；

L_2——入射点至假想波源的距离。

我国横波探头常采用K值来表示横波折射角的大小，常用K值为 1.0、1.5、2.0 和 2.5 等。为了便于计算近场区长度，特将 K 与 $\cos\beta/\cos\alpha$、$\tan\alpha/\tan\beta$ 的关系列于表 1-3。

表 1-3 $\cos\beta/\cos\alpha$、$\tan\alpha/\tan\beta$ 与 K 值的关系

K 值	1.0	1.5	2.0	2.5
$\cos\beta/\cos\alpha$	0.88	0.78	0.68	0.6
$\tan\alpha/\tan\beta$	0.75	0.66	0.58	0.5

例 1-7 试计算 2.5 MHz、14×16 mm 方晶片 $K1.0$ 和 $K2.0$ 横波探头的近场区长度 N。(钢中 c_{s2}=3 230 m/s)

解：$\lambda_{s2}=c_{s2}/f=3.23/2.5=1.29$(mm)

$$N_1(K1.0)=\frac{ab}{\pi\lambda_{s2}}\frac{\cos\beta_1}{\cos\alpha_1}=\frac{14\times16}{3.14\times1.29}\times0.88\approx48.7\,(\text{mm})$$

$$N_2(K2.0)=\frac{ab}{\pi\lambda_{s2}}\frac{\cos\beta_2}{\cos\alpha_2}=\frac{14\times16}{3.14\times1.29}\times0.68\approx37.7\,(\text{mm})$$

由以上计算表明，横波探头晶片尺寸一定，K 值增大，近场区长度将减小。

例 1-8 2.5 MHz、10×12 mm 方晶片 $K2.0$ 横波探头，有机玻璃中入射点至晶片的距离为 12 mm，求此探头在钢中的近场区长度 N'。(钢中 c_{s2}=3 230 m/s)

解：$\lambda_{s2}=c_{s2}/f=3.23/2.5=1.29$(mm)

$$N'=\frac{ab}{\pi\lambda_{s2}}\frac{\cos\beta}{\cos\alpha}-L_1\frac{\tan\alpha}{\tan\beta}=\frac{10\times12}{3.14\times1.29}\times0.68-12\times0.58\approx13\,(\text{mm})$$

(2) 半扩散角

从假想横波声源辐射的横波声束同纵波声场一样，具有良好的指向性，可以在被检材料中定向辐射，只是声束的对称性与纵波声场有所不同，如图 1-22 所示。

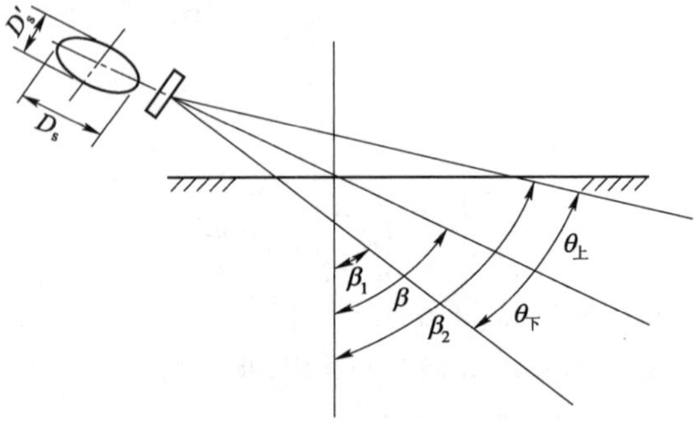

图 1-22 横波声场半扩散角

1) 纵波斜入射在第二介质中产生横波声场，其声束不再对称于声束轴线，而是存在上下两个半扩散角，其中上半扩散角 $\theta_{上}$ 大于下半扩散角 $\theta_{下}$。

$$\theta_{上}=\beta_2-\beta$$

$$\theta_{下}=\beta-\beta_1$$

$$\sin\beta_1=a-b,\ \sin\beta_2=a+b$$

$$a=\sin\beta\sqrt{1-\left(\frac{1.22\lambda_{L1}}{D_s}\right)^2},\ b=\frac{1.22\lambda_{L1}c_{s2}}{D_sC_{L1}}\cos\alpha \tag{1-26}$$

2）横波垂直入射时，其声束对称于轴线，这时半扩散角 θ_0 可按下式计算。

对于圆片形声源：
$$\theta_0 = \arcsin 1.22\frac{\lambda_{s2}}{D_s} \approx 70\frac{\lambda_{s2}}{D_s}(^\circ) \tag{1-27}$$

对于矩形正方形声源：
$$\theta_0 = \arcsin\frac{\lambda_{s2}}{2a} \approx 57\frac{\lambda_{s2}}{2a}(^\circ) \tag{1-28}$$

下面举例说明横波和纵波声场半扩散角的比较。

例 1-9　用 2.5 MHz、ϕ12 mm $K2$ 横波斜探头检测钢制工件，已知探头中有机玻璃 c_{L1}=2 730 m/s，钢中横波声速 c_{s2}=3 230 m/s，求钢中横波声场的半散角。

解：① 有机玻璃中纵波波长 $\lambda_{L1}=c_{L1}/f=2.73/2.5=1.09$(mm)

② 钢中横波波长 $\lambda_2=c_{s2}/f=3.23/2.5=1.29$(mm)

③ 过轴线与入射平面垂直的平面内

$$\theta_0=70\times\lambda_{s2}/D_s=70\times1.29/12=7.5^\circ$$

④ 入射平面内半扩散角 $\theta_上$、$\theta_下$：

由 $K=\tan\beta=2$，得 $\beta=63.4^\circ$

由 $\dfrac{\sin\alpha}{\sin\beta}=\dfrac{c_{L1}}{c_{s2}}$，得 $\alpha=\arcsin\left(\dfrac{2.73}{3.23}\times\sin 63.4^\circ\right)=49.1^\circ$

$$a=\sin\beta\sqrt{1-\left(\frac{1.22\lambda_{L1}}{D_s}\right)^2}=0.895\times\sqrt{1-\left(\frac{1.22\times1.09}{12}\right)^2}=0.889$$

$$b=\frac{1.22\lambda_{L1}c_{s2}}{D_sC_{L1}}\cos\alpha=\frac{1.22\times1.09\times3.23}{12\times2.73}\times\cos 49.1^\circ=0.086$$

$$\beta_1=\arcsin(a-b)=\arcsin(0.889-0.086)=53.4^\circ$$

$$\beta_2=\arcsin(a+b)=\arcsin(0.889+0.086)=77.2^\circ$$

$$\theta_上=\beta_2-\beta=77.2^\circ-63.4^\circ=13.8^\circ$$

$$\theta_下=\beta-\beta_1=63.4^\circ-53.4^\circ=10^\circ$$

计算结果，如图 1-23 所示。

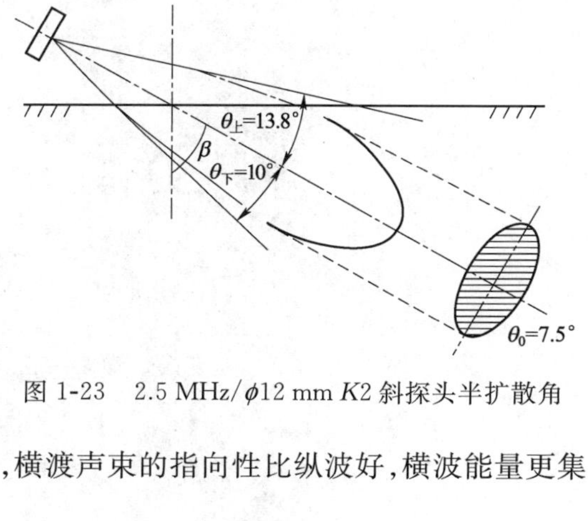

图 1-23　2.5 MHz/ϕ12 mm $K2$ 斜探头半扩散角

在其他条件相同时，横渡声束的指向性比纵波好，横波能量更集中一些。因为横波波长比纵波短。

思考题

1. 简述超声检测的特点。
2. 简述超声检测的工作原理和适用范围。
3. 简述超声检测的优点。
4. 什么是超声波,产生超声波的条件是什么?
5. 何谓纵波、横波、表面波,在固体和液体介质中各可以传播何种类型的波,为什么?
6. 什么是波的叠加原理、波的干涉和波的衍射。
7. 什么是第一、第二、第三临界角,产生第一、二、三临界角的条件是什么?
8. 引起超声波衰减的主要原因有哪些?
9. 什么是近场区,如何计算近场区长度?
10. 什么是半扩散角,如何计算半扩散角?

第二章　超声检测设备与器材

超声检测设备与器材包括超声检测仪、探头、试块、耦合剂和机械扫查装置等，其中超声检测仪和探头对超声检测系统的能力起关键性作用。了解其原理、构造、作用及其主要性能，是正确选择检测设备与器材并进行有效检测的保证。

第一节　超声检测仪

超声检测仪是超声检测的主体设备，它的作用是产生电振荡并施加于探头上，激励探头发射超声波，同时接收来自探头的电信号，将其放大后通过一定的方式显示出来，从而得到被检工件内部有无缺陷以及缺陷位置和大小等相关信息。

一、超声检测仪的工作过程

目前，A 型脉冲反射式超声检测仪是使用最广泛的检测仪，其主要组成部分是：同步电路、扫描电路、发射电路、接收放大电路、显示电路和电源电路等。电路方框图，如图 2-1 所示。

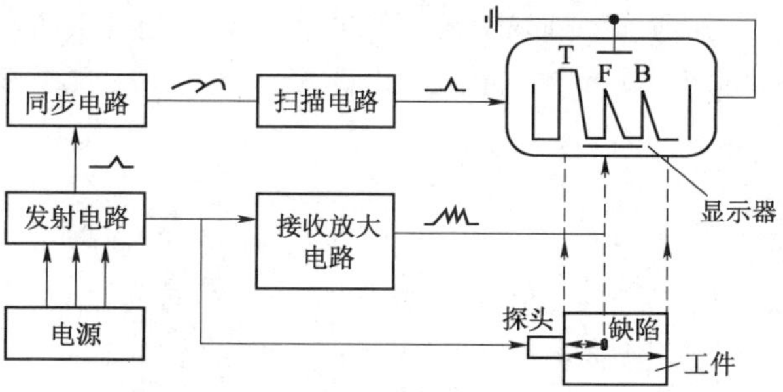

图 2-1　A 型脉冲反射式超声检测仪方框图

A 型脉冲反射式超声检测仪工作过程如下：同步电路产生的触发脉冲同时加至扫描电路和发射电路，扫描电路受触发开始工作，产生锯齿波扫描电压，加至示波管水平偏转板，使电子束发生水平偏转，在荧光屏上产生一条水平扫描线。与此同时，发射电路受触发产生高频窄脉冲，加至探头，激励压电晶片振动，在工件中产生超声波。超声波在工件中传播，遇缺陷或底面发生反射，返回探头时，又被压电晶片转变为电信号，经接收电路放大和检波，加至示波管垂直偏转板上，使电子束发生垂直偏转，在水平扫描线的相应位置上产生缺陷波和底波。根据缺陷波的位置可以确定缺陷的埋藏深度，根据缺陷波的幅度可以估算缺陷当量的大小。

二、超声检测仪的类型

A 型脉冲反射式超声检测仪有两种类型：模拟型超声检测仪和数字型超声检测仪。

1. 模拟型超声检测仪

常用模拟型超声检测仪如 CTS-22 型超声检测仪(见图 2-2)。

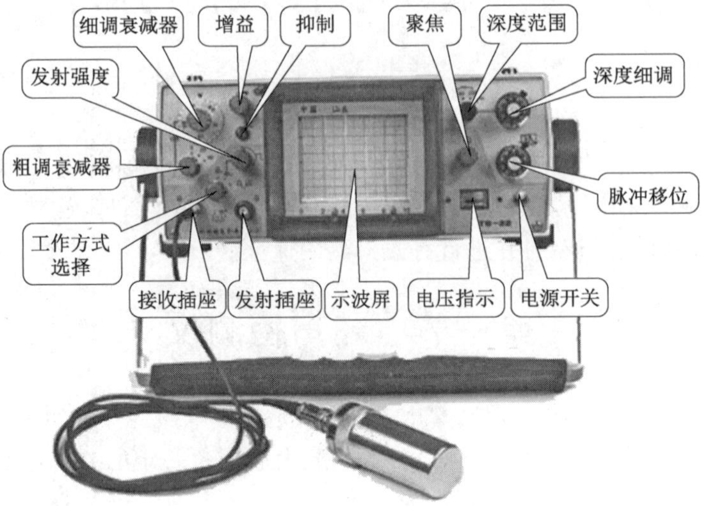

图 2-2 CTS-22 型超声检测仪

仪器主要开关旋钮及作用如下:

(1) 工作方式选择旋钮 它的作用是选择检测方式,即“双探”或“单探”方式。当开关置于位置“双探”时,为双探头一发一收工作状态,可用一个双晶探头或两个单探头检测,发射探头和接收探头分别连接到发射插座和接收插座。当开关置于位置“单探”时,为单探头发收工作状态,可用一个单探头检测,此时发射插座和接收插座从内部连通,探头可插入任一插座。

“单探”方式有两个位置,“1”位置为中等发射强度档,旋钮置于该位置时,发射强度不可变,仪器具有较高的灵敏度和分辨力。“2”位置的发射强度是可变的,旋钮置于该位置时,可用发射强度旋钮调节仪器发射强度,同时改变仪器的灵敏度和分辨力。

(2) 发射强度旋钮 发射强度旋钮的作用是改变仪器的发射脉冲功率,从而改变仪器的发射强度。增大发射强度时,可提高仪器灵敏度,但脉冲变宽,分辨力变差。因此,在检测灵敏度能满足要求的情况下,发射强度旋钮应尽量放在较低的位置。

(3) 衰减器 衰减器的作用是调节检测灵敏度和测量回波振幅。调节灵敏度时,衰减读数大,灵敏度低;衰减读数小,灵敏度高。测量回波振幅时,衰减读数大,回波幅度高;衰减读数小,回波幅度低。

一般衰减器分粗调和细调两种,粗调每档 20 dB,细调每档 2 dB,总衰减量 80 dB 左右。

(4) 增益旋钮 增益旋钮也称增益细调旋钮,其作用是改变接收放大器的放大倍数,进而连续改变超声检测仪的灵敏度。因此,当仪器灵敏度确定以后,检测过程中一般不再调整增益旋钮。

(5) 抑制旋钮 抑制的作用是抑制荧光屏上幅度较低或认为不必要的杂乱反射波,使之不予显示,从而使荧光屏显示的波形清晰。

使用抑制时,仪器垂直线性和动态范围将被改变。抑制作用越大,仪器动态范围越小,从而在实际检测中有容易漏掉小缺陷的危险。因此,一般不使用抑制。

(6) 深度范围旋钮 也称深度粗调旋钮,其作用是粗调荧光屏扫描线所代表的检测范围。调节深度范围旋钮,可较大幅度地改变时间扫描线的扫描速度。从而使荧光屏上回波间距大幅度地压缩或扩展。

粗调旋钮一般都分为若干档级,检测时应视被探工件厚度选择合适的档级。厚度大的工件,选择数值较大的档级;厚度小的工件,选择数值较小的档级。

(7) 深度细调旋钮 深度细调旋钮的作用是精确调整检测范围。调节细调旋钮。可连续改变扫描线的扫描速度,从而使荧光屏上的回波间距在一定范围内连续变化。

调整检测范围时,先将深度粗调旋钮置于合适的档级。然后调节细调旋钮,使反射波的间距与反射体的距离成一定比例。

(8) 延迟旋钮 延迟旋钮(或称脉冲移位旋钮)用于调节开始发射脉冲时刻与开始扫描时刻之间的时间差。调节延迟旋钮可使扫描线上的回波位置大幅度左右移动,而不改变回波之间的距离。

调节检测范围时,用延迟旋钮可进行零位校正,即用深度粗调和细调旋钮调节好回波间距后,再用延迟旋钮将反射波调至正确位置,使声程原点与水平刻度的零点重合。

(9) 聚焦旋钮 聚焦旋钮的作用是调节电子束的聚焦程度,使荧光屏波形清晰。

(10) 频率选择旋钮 宽频带超声检测仪的放大器频率范围宽,覆盖了整个检测所需的频率范围,检测仪面板上没有频率选择旋钮。检测频率由探头频率决定。

窄频带检测仪设有频率选择开关,用以使发射电路与所用探头相匹配,并用以改变放大器的通频带,使用时开关指示的频率范围应与所选用探头相一致。

(11) 水平旋钮 调节水平旋钮(也称零位调节旋钮)可使扫描线连扫描线上的回波一起左右移动一段距离,但不改变回波间距。调检测范围时,用深度粗调和细调旋钮调好回波间距,用水平旋钮进行零位校正。

(12) 重复频率旋钮 重复频率旋钮的作用是调节脉冲重复频率,即改变发射电路每秒钟发射脉冲的次数。重复频率低时,荧光屏图形较暗,仪器灵敏度有所提高;重复频率高时,荧光屏图形较亮,这对露天检测观察波形是有利的。应该指出,重复频率要视被检工件厚度进行调节。厚度大,应使用较低的重复频率;厚度小,可使用较高的重复频率。但重复频率过高时,易出现幻像波。有些检测仪的重复频率开关与深度范围旋钮联动,调节深度范围旋钮时,重复频率随之调节到适合于所探厚度的数值。

(13) 垂直旋钮 垂直旋钮用于调节扫描线的垂直位置。调节垂直旋钮,可使扫描线上下移动。

(14) 辉度旋钮 辉度旋钮用于调节波形的亮度。当波形亮度过高或过低时,可调节辉度旋钮,使亮度适中。但要兼顾聚焦性能。

(15) 深度补偿开关 有些检测仪设有深度补偿开关或“距离振幅校正”旋钮,它们的作用是改变放大器的性能,使位于不同深度的相同尺寸缺陷的回波高度差异减小。

2. 数字型超声检测仪

数字式超声检测仪是在传统模拟式测试仪的基础上,采用计算机技术实现仪器功能的精确和自动控制、信号获取和处理的数字化及自动化、检测结果的可记录性和可再现性。常用数字式超声检测仪如 CTS-4020 型超声检测仪(见图 2-3)。

CTS-4020 型超声检测仪的主菜单有 7 大项,仪器面板下方从左到右对应排列 7 个主菜单按键,分别是基本、收发、计测、闸门、DAC、存储和预置,每个主菜单包括若干项子菜单。每个子菜单页包含翻页键在内,最多有 5 个子菜单项。屏幕右方将显示与该主菜单相关的子菜单内容。

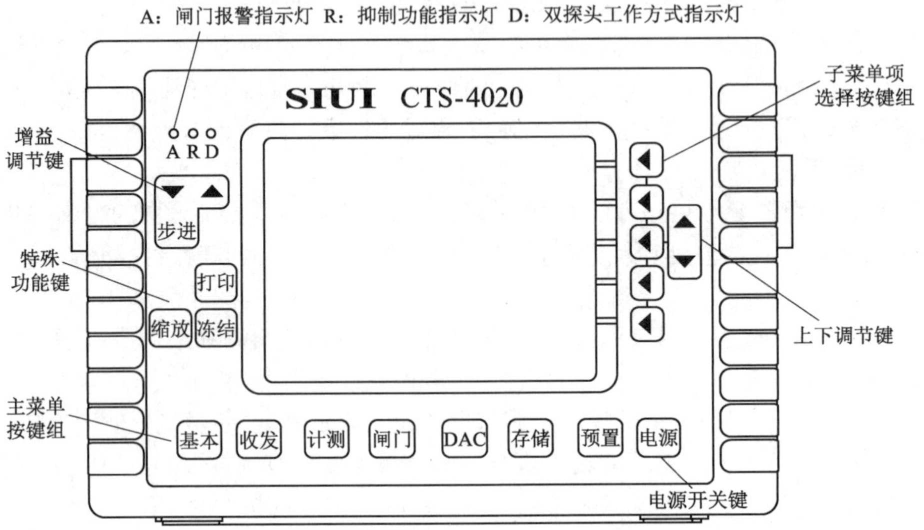

图 2-3 CTS-4020 型超声检测仪

基本:包括波形显示所必需的基本调节及校正项目。

收发:用于调节发射电路和接收放大器,以及数字信号处理等功能。

计测:斜探头检测所必需的功能,以及波形显示和读测等后处理功能。

闸门:控制a、b闸门所必需的功能,以及跟踪闸门设定。

DAC:制作DAC曲线,以及用DAC曲线对缺陷回波进行评价的各项功能。

存储:用于存入、调出和删除数据集,以及数据集的其他管理。

预置:配置仪器的其他设定,包括时钟、打印、显示颜色等。

仪器面板右边有5个◀按键指向5个子菜单项,若要操作哪一项子菜单项,就按下与之对应的子菜单选择键即可,选取后子菜单会显示"◀"提示符,表示已选中该子菜单项。对于具有粗调和微调的子菜单,重复地按同一个键将在粗调和微调来回切换,其中出现"*"号提示的表示微调。

仪器面板右方有向上和向下两个调节键▲和▼,用于改变已被选取的子菜单项的值或功能。当改变的是数值时,▲向上递增数值,▼向下递减数值;在微调状态下,如果长按不放,数值调节会加速。

仪器面板左方排列6个特殊功能键,包括:增益调节键▼ ▲、步进、打印、缩放和冻结。

增益减少键▼/增加键▲:来设置回波幅度。波形显示区左上角显示当前仪器增益的dB值。

步进:按步进键,在4种步进之间循环选择。屏幕上当前增益值下面显示当前步进值。

打印:打印仪器的当前屏幕显示图片或报告。制作DAC曲线时,用来记录参考回波点。

缩放:可将波形显示扩大到全屏显示,以方便观测回波和测量数值。

冻结:冻结屏幕波形显示,再次按冻结键解除冻结,返回到正常模式。

三、超声检测仪的维护

检测人员在日常使用仪器时必须加强维护,可避免或减少故障的发生。使仪器经常处于良好的工作状态。

仪器的维护应注意以下几点:

(1) 使用仪器前,应仔细阅读仪器使用说明书,了解仪器的性能特点,熟悉仪器各控制开关和旋钮的位置、操作方法和注意事项,严格按说明书要求操作。

(2) 搬动仪器时应防止强烈振动,现场检测尤其高空作业时,应采取可靠保护措施,防止仪器摔碰。

(3) 尽量避免在靠近强磁场、灰尘多、电源波动大、有强烈振动及温度过高或过低的场合使用仪器。

(4) 仪器工作时应防止雨、雪、水和机油等进入仪器内部,以免损坏线路和元件。

(5) 连接交流电源时,应仔细核对仪器额定电源电压,防止错接电源,烧毁元件。使用蓄电池供电的仪器,应严格按说明书进行充电操作。放电后的蓄电池应及时充电,存放较久的蓄电池也应定期充电,否则会影响蓄电池容量甚至无法重新充电。

(6) 转动旋钮时不宜用力过猛,尤其是旋钮在极端位置时更应注意,否则会使旋钮错位甚至损坏。

(7) 拔接电源插头或探头插头时,应用手抓住插头壳体操作,不要抓住电缆线拔插。探头线和电源线应理顺,不要弯折扭曲。

(8) 仪器每次用完后,应及时擦去表面灰尘和油污,放置在干燥地方。

(9) 在气候潮湿地区或潮湿季节,每日要接通电源开机一次,开机时间约半小时,以驱除潮气,防止仪器内部短路或击穿。同时,也给电解电容充了电,以防变质。

(10) 仪器出现故障,应立即关闭电源,请维修人员检查修理。不随意乱动,防止故障扩大和发生事故。

第二节　探　头

凡能将任何其他形式能量转换成超音频振动形式能量的器件均可用来发射超声波,具有可逆效应时又可用来接收超声波,这类元件称为超声换能器。以换能器为主要元件组装成具有一定特性的超声波发射、接收器件,常称为探头。超声波探头是组成超声检测系统的最重要的组件之一。探头的性能直接影响超声检测能力和效果。

超声检测中采用的超声换能器主要有压电换能器、磁致伸缩换能器、电磁声换能器和激光超声换能器。其中最常用的是压电换能器探头,最关键部件是压电晶片,是一个具有压电特性的单晶或多晶体薄片,其作用是将电能转换为声能,并将声能转换为电能。

一、探头的结构

压电换能器探头一般由压电晶片、阻尼块、接头、电缆线、保护膜和外壳组成。斜探头通常还有一个使晶片与入射面成一定角度的斜楔块。图 2-4 为探头的基本结构。

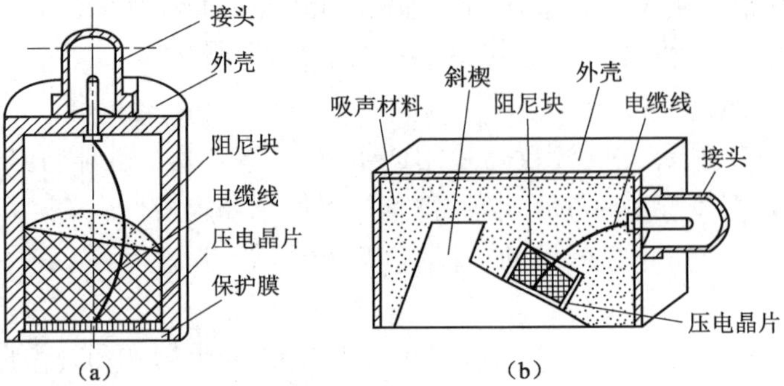

图 2-4　压电换能器探头的基本结构

(a) 直探头;(b) 斜探头

探头各结构的作用:

1. 压电晶片

压电晶片的作用是发射和接收超声波,实现电能换能。晶片的性能决定着探头的性能。晶片的尺寸和谐振频率,决定发射声场的强度、距离波幅特性与指向性。晶片制作质量的好坏,也关系着探头的声场对称型、分辨力、信噪比等特性。

晶片可制成圆形、方形或矩形。晶片的两面需敷上银层(或金层、铂层)作为电极,以使晶片上的电压能均匀分布。

2. 阻尼块和吸声材料

阻尼块是由环氧树脂和钨粉等按一定比例配成的阻尼材料,其声阻抗应尽可能接近压电晶片的声阻抗,紧贴在压电晶片或楔块后面。阻尼块对压电晶片的振动起阻尼作用,一是可使晶片起振后尽快停下来,从而使脉冲宽度减小,分辨力提高;二是阻尼块还可以吸收晶片向其背面发射的超声波;三是对晶片起支承作用。

斜探头中,晶片前面已粘贴在斜楔上,背面可不加阻尼块。但斜楔内的多次反射波会形成一系列杂乱信号,故需在斜楔周围加上吸声材料,以减小噪声。

3. 保护膜

保护膜的作用是保护压电晶片不致磨损或损坏。保护膜分为硬、软保护膜。硬保护膜应用于表面较光洁的工件检测。软保护膜可用于表面较粗糙的工件检测。当保护膜的厚度为$\lambda_2/4$ 的奇数倍,且保护膜的声阻抗 Z_2 为晶片声阻抗 Z_1 和工件声阻抗 Z_3 的几何平均值($Z_2=\sqrt{Z_1Z_3}$)时,超声波全透射。

保护膜会使始波宽度增大,分辨力变差,灵敏度降低。在这方面,硬保护膜比软保护膜更严重;石英晶片不易磨损,可不加保护膜。

4. 斜楔

斜楔是斜探头中为了使超声波倾斜入射到检测面而装在晶片前面的楔块。斜楔使探头的晶片与工件表面形成一个严格的夹角，以保证晶片发射的超声波按设定的倾斜角斜入射到斜楔与工件的界面，从而能在界面处产生所需要的波形转换，以便在工件内形成特定波型和角度的声束。同时，有了斜楔在晶片前面，就不再需要保护膜了。

斜楔中的纵波波速须小于工件中的纵波波速，具有适当的衰减系数，且耐磨、易加工。一般斜楔用有机玻璃制成，近年来有些探头用尼龙、聚合物等其他新材料制作斜楔，效果不错。有些斜楔在前面开槽，或者将斜楔做成牛角形，使反射波进入牛角而不返回晶片，从而减少杂波。

5. 电缆线

探头与检测仪间的连接需采用高频同轴电缆，这种电缆可消除外来电波对探头的激励脉冲及回波脉冲的影响，并防止这种高频脉冲以电波形式向外辐射。

对于石英、硫酸锂等介电常数很低的压电晶片制成的探头，电缆的长度、种类的变化会引起探头与超声检测仪间阻抗匹配情况的较大改变，从而影响检测灵敏度。因此，应选用专用电缆，且在检测过程中不可任意更换。如果更换，应考虑重新进行仪器状态调整。同轴电缆比一般电缆脆弱，弯曲过大时容易损坏。因此，使用探头电缆线要注意，不可扭折电缆线。

6. 外壳

外壳的作用在于将各部分组合在一起，并起保护作用。

二、压电效应与压电材料

1. 压电效应

某些晶体等材料在交变拉压应力作用下，产生交变电场的效应称为正压电效应。反之，当晶体材料在交变电场作用下，产生伸缩变形的效应称为逆压电效应。正、逆压电效应统称为压电效应。

超声波探头中的压电晶片具有压电效应。当高频电脉冲激励压电晶片时，发生逆压电效应，将电能转换为声能（机械能），探头发射超声波；当探头接收超声波时，发生正压电效应，将声能转换为电能。

具有压电效应的材料称为压电材料，压电材料分单晶材料和多晶材料，常用的单晶材料有石英（SiO_2）、硫酸锂（Li_2SO_4）、铌酸锂（$LiNbO_3$）等。常用的多晶材料有钛酸钡（$BaTiO_3$）、锆钛酸铅（$PbZrTiO_3$，缩写为 PZT）、钛酸铅（$PbTiO_3$）等，多晶材料又称压电陶瓷。单晶材料接收灵敏度较高，多晶材料发射灵敏较高。

2. 压电材料的主要性能参数

(1) 压电应变常数 d_{33}

压电应变常数 d_{33} 表示在压电晶体上施加单位电压时所产生的应变大小。

$$d_{33} = \frac{\Delta t}{U}\ (\mathrm{m/v}) \tag{2-1}$$

式中：U——施加在压电晶片两面的应力；

Δt——晶片在厚度方向的变形量。

压电应变常数是衡量压电晶体材料发射灵敏度高低的重要参数。d_{33} 值大，接收性能好，接收灵敏度高。

(2) 压电电压常数 g_{33}

压电电压常数 g_{33} 表示作用在压电晶体上单位应力所产生的电压梯度大小。

$$g_{33} = \frac{U_P}{U}(V\text{m/N}) \tag{2-2}$$

式中:P——施加在压电晶片两面的应力;

U_p——晶片表面产生的电压梯度,即电压 U 与晶片厚度 t 之比,$U_p=U/t$。

压电电压常数是衡量压电晶体材料接收灵敏度高低的重要参数。g_{33} 值大,接收性能好,接收灵敏度高。

(3) 介电常数ε

$$\varepsilon = C\frac{t}{A} \tag{2-3}$$

式中:C——电容器电容;

t——电容器极板距离;

A——电容器极板面积。

由上式可知,当电容器极板距离和面积一定时,介电常数 ε 越大,电容 C 也就越大,即电容器所贮电虽就越多。压电晶体的 ε 应根据不同用途来选取。超声波检测用的压电晶体,频率要求高,ε 应小一些。因为 ε 小,C 小,电容器充放电时间短。频率高,扬声器频率低,ε 应大一些。

(4) 机电耦合系数 K

机电耦合系数 K,表示压电材料机械能(声能)与电能之间的转换效率。

$$K = \frac{\text{转换的能量}}{\text{输入的能量}} \tag{2-4}$$

对于正压电压效:
$$K = \frac{\text{转换的能量}}{\text{输入的电能}} \tag{2-5}$$

对于逆压电效应:
$$K = \frac{\text{转换的机械能}}{\text{输入的电能}} \tag{2-6}$$

探头晶片振动时,同时产生厚度和径向两个方面的伸缩变形,因此机电耦合系数分为厚度方向 K_t 和径向 K_p。K_t 大,检测灵敏度高;K_p 大,低频谐振波增多,发射脉冲变宽,导致分辨力降低,盲区增大。

(5) 机械品质因子 θ_m

压电晶片在谐振时贮存的机械能 $E_{储}$ 与在一个周期内损耗的能量 $E_{损}$ 之比称为机械品质因子 θ_m。

$$\theta_m = \frac{E_{储}}{E_{损}} \tag{2-7}$$

压电晶片摄动损耗的能量主要是由内摩擦引起的。θ_m 值对分辨力有较大的影响,θ_m 值大,表示损耗小,晶片持续振动时间长,脉冲宽度大,分辨力低。反之,θ_m 值小,表示损耗大,脉冲宽度小,分辨力就高。

(6) 频率常数 N

由驻波理论可知,压电晶片在高频电脉冲激励下产生共振的条件是

$$t = \frac{\lambda_L}{2} = \frac{c_L}{2f_0} \tag{2-8}$$

式中：t——晶片厚度；

λ_L——晶片中纵波波长；

c_L——晶片中纵波波速；

f_0——晶片固有(谐振频率)。

由上式可知：

$$N_t = tf_0 = \frac{c_L}{2}(常数) \tag{2-9}$$

这说明压电镜片的厚度与固有频率的乘积是一个常数，这个常数叫做频率常数，用N_t表示。晶片厚度一定，频率常数大的镜片材料的固有频率高，厚度越小。

(7) 居里温度 T_c

压电材料与磁性材料一样，其压电效应与温度有关。它只能在一定的温度范围内产生，超过一定的温度，压电效应就会消失。使压电材料的压电效应消失的温度称为压电材料的居里温度，用 T_c 表示。例如，石英 T_c=570 ℃，钛酸钡 T_c=115 ℃。

超声波探头对晶片的一般要求：

1) 机电耦合系数 K 较大，以便获得较高的转换效率；

2) 机械品质因子 θ_m 较小，以便获得较高的分辨力和较小的盲区；

3) 压电应变常数 d_{33} 和压电电压常数 g_{33} 较大，以便获得较高的发射灵敏度和接收灵敏度；

4) 频率常数 N_t 较大，介电常数 ε 较小，以便获得较高的频率；

5) 居里温度 T_c 较高，声阻抗 Z 适当。

三、探头的主要种类

超声检测用探头的种类很多，根据波型不同，可分为纵波探头、横波探头、表面波和板波探头等；根据耦合方式分为接触式探头和液(水)浸探头；根据波束分为聚焦探头与非聚焦探头；根据晶片数不同分为单晶探头、双晶探头等。此外还有高温探头、微型探头等特殊用途探头。

1. 接触式纵波直探头

直探头主要用于检测与检测面平行的缺陷，如板材、锻件检测等。

纵波直探头主要参数是频率和晶片尺寸。

2. 接触式斜探头

接触式斜探头可分为纵波斜探头($\alpha_L < \alpha_I$)、横波斜探头($\alpha_L = \alpha_I \sim \alpha_{II}$)、表面波斜探头($\alpha_L \geqslant \alpha_{II}$)、兰姆波探头及可变角探头等。其共同特点是：压电晶片贴在一斜楔上，晶片与探头表面成一定倾角。

纵波斜探头是入射角$\alpha_L < \alpha_I$的探头。目的是：利用小角度的纵波进行缺陷检测，或在横波衰减过大的情况下，利用纵波穿透能力强的特点进行纵波斜入射检测。使用时应注意工件中同时存在的横波的干扰。

横波斜探头是入射角$\alpha_L=\alpha_I\sim\alpha_{II}$且折射波为纯横波的探头，横波斜探头实际上是直探头加斜楔组成的。主要用于检测与检测面成一定角度的缺陷。

表面波(瑞利波)探头入射角需在产生瑞利波的临界角附近，通常比α_{II}略大。表面波探头用于对表面或近表面缺陷进行检测。

兰姆波探头的角度根据板厚、频率和所选定的兰姆波模式而定，主要用于薄板中缺陷的检测。

可变角探头的入射角是可变的。转动压电晶片可使入射角连续变化，一般变化范围为0°～70°，可实现纵波、横波、表面波或兰姆波检测。

3. 双晶探头(分割探头)

双晶探头有两块压电晶片，一块用于发射超声波，另一块用于接收超声波。根据入射角α_L不同，分为双晶纵波探头($\alpha_L<\alpha_I$)和双晶横波探头($\alpha_L=\alpha_I\sim\alpha_{II}$)。双晶探头的结构如图 2-5 所示。

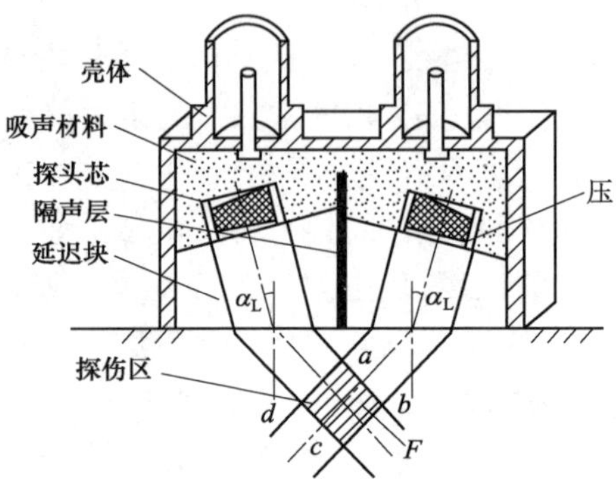

图 2-5 双晶探头的结构图

双晶探头具有以下优点：

(1) 灵敏度高 双晶探头的两块晶片，一发一收。发射晶片用发射灵敏度高的压电材料制成，接收晶片用接收灵敏度高的压电材料制成，这样探头发射和接收灵敏度都高，这是单晶探头无法比的。

(2) 杂波少盲区小 双晶探头的发射与接收分开，消除了发射压电晶片与延迟块之间的反射杂波。同时由于始脉冲未进入放大器，克服了阻塞现象，使盲区大大减小，为检测近表面缺陷提供了有利条件。

(3) 工件中近场区长度小 双晶探头采用了延迟块，缩短了工件中的近场区长度，这对检测是有利的。

(4) 检测范围可调 双晶探头检测时，对于位于棱形 $abcd$ 内的缺陷灵敏度较高。而棱形 $abcd$ 是可调的，可以通过改变入射角α_L'来调整。α_L增大，棱形 $abcd$ 向表面移动，在水平方向变扁α_L减小，棱形向内部移动，在垂直方向变扁。

双晶探头主要用于检测近表面缺陷和已知缺陷的定点测量。

4. 接触式聚焦探头

聚焦探头种类较多。据焦点形状不同分为点聚焦和线聚焦。点聚焦的理想焦点为一点，其声透镜为球面；线聚焦的理想焦点为一条线，其声透镜为柱面。根据耦合情况不同分为水浸聚焦与接触聚焦。水浸聚焦以水为耦合介质，探头不与工件直接接触。

接触聚焦是探头通过薄层耦合介质与工件接触。接触聚焦根据聚焦方式不同又分为透镜式聚焦、反射式聚焦和曲面晶片式聚焦。透镜式聚焦是平面晶片发射超声波通过声透镜和透声楔块来实现聚焦；反射式聚焦是平面晶片发射超声波通过曲面楔块反射来实现聚焦；曲面晶片式聚焦探头的晶片为曲面，通过曲面楔块实现聚焦。接触式聚焦探头的主要参数为频率、晶片尺寸和焦距。

5. 水浸平探头和水浸聚焦探头

水浸平探头相当于可在水中使用的纵波直探头，用于水浸法检测。当改变探头倾角使声束从水中倾斜入射至工件表面时，也可通过折射在工件中产生纯横波。

在水浸平探头前加上声透镜则可产生聚焦声束，称为水浸聚焦探头。水浸聚焦探头的结构如图 2-6 所示。

声透镜的作用就是实现声束聚焦。焦距 F 与声透镜的曲率半径 r 之间关系为：

$$F = \frac{c_1 r}{c_1 - c_2} = \frac{nr}{n-1} \tag{2-10}$$

式中：n——透镜与耦合介质波速比，$n=c_1/c_2$。

对于有机玻璃声透镜和水 $n=2\,730/1\,480=1.84$，这时 $F=2.2r$。聚焦探头检测工件时，实际焦距 F' 会变小。

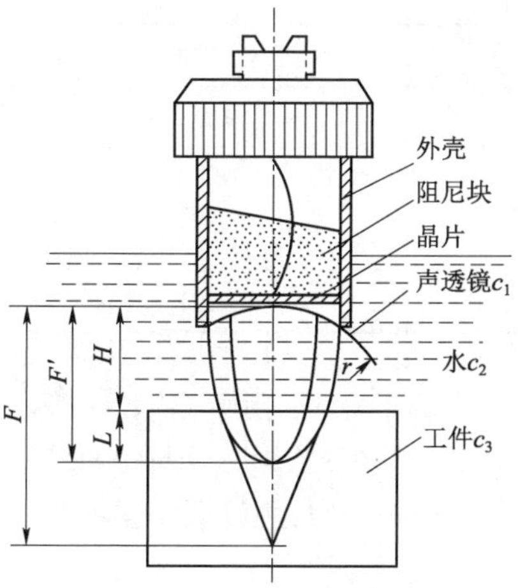

图 2-6　水浸聚焦探头的结构

$$F' = F - L\left(\frac{c_3}{c_2} - 1\right) \tag{2-11}$$

式中：L——工件中焦点至工件表面的距离；

c_2——耦合剂中波速；

c_3——工件中波速。

这时水层厚度为：

$$H = F - L\frac{c_3}{c_2} \tag{2-12}$$

6. 爬波探头

爬波是指表面下的纵波。当纵波以第一临界角α_{I}附近的角度入射到界面时，就会在第二介质中产生表面下纵波，即爬波。这时第二介质中不但存在表面纵波，而且还存在斜射横波。通常把横波的波前称为头波，把沿介质表面下一定距离处在横波和表面纵波之间传播的峰值波称为纵向头波或爬波。

四、探头型号

探头型号组成项目及排列顺序为：基本频率→晶片材料→晶片尺寸→探头种类→探头特征。

基本频率：用阿拉伯数字表示，单位为 MHz。

晶片材料：用化学元素缩写符号表示，见表 2-1。

表 2-1　晶片材料代号

压电材料	代号
锆钛酸铅陶瓷	P
钛酸钡陶瓷	B
钛酸铅陶瓷	T

续表

压电材料	代号
铌酸锂单晶	L
碘酸锂单晶	I
石英单晶	Q
其他压电材料	N

晶片尺寸：用阿拉伯数字表示，单位为 mm。其中圆晶片用直径表示；方晶片用长×宽表示；分割探头晶片用分割前的尺寸表示。

探头种类：用汉语拼音缩写字母表示，见表 2-2。直探头也可不标出。

表 2-2 探头种类代号

种类	代号
直探头	Z
斜探头(用 K 值表示)	K
斜探头(用折射角表示)	X
分割探头	FG
水浸聚焦探头	SJ
表面波探头	BM
可变角探头	KB

探头特征：斜探头钢中折射角正切值(K 值)用阿拉伯数字表示。钢中折射角用阿拉伯数字表示，单位为“°”。分割探头钢中声束交区深度用阿拉伯数字表示，单位为 mm。水浸探头水中焦距用阿拉伯数字表示，单位为 mm。DJ 表示点聚焦，XJ 表示线聚焦。

第三节 耦合剂

超声耦合是指超声波在检测面上的声强透射率。声强透射率高，超声耦合好。

为了改善探头与工件间声能的传递，而加在探头与检测面之间的液体薄层称为耦合剂。在液浸法检测中，通过液体实现耦合，此时液体也是耦合剂。

当探头和工件之间有一层空气时，超声波的反射率几乎是 100%，即使很薄的一层空气也可以阻止超声波传入工件。因此，排除探头和工件之间的空气非常重要。耦合剂可以填充探头与工件之间的空气间隙，使超声波能够传入工件，这是使用耦合剂的主要目的。除此之外，耦合剂有润滑作用，可以减小探头与工件之间的摩擦，防止工件表面磨损探头，并使探头便于移动。

超声波检测中常用耦合剂有水、甘油、机油，变压器油、化学糨糊等。

水的优点是来源方便，缺点是容易流失，容易使工件生锈，有时不易润湿工件。液浸检测中最常使用水作耦合剂，使用时可加入润湿剂和防腐剂等。

甘油的优点是声阻抗高，耦合效果好，缺点是要用水稀释，容易使工件形成腐蚀坑，价格较贵。

机油和变压器油的附着力、黏度、润湿性都较适当，也无腐蚀性、价格又不贵，因此是最常用的耦合剂。

化学糨糊的耦合效果比较好，也是一种常用的耦合剂。

第四节　试　块

为了保证检测结果的准确性、可重复性和可比性，必须用一个具有已知固有特性的试样对检测系统进行校准。按一定的用途设计制作的具有简单几何形状人工反射体的试样，通常称为试块。试块和仪器、探头一样，是超声检测的重要器材。

一、试块分类和作用

1. 试块的分类

超声检测用试块通常可以分为标准试块、对比试块和模拟试块三大类。

(1) 标准试块

标准试块通常是由权威机构制定的试块，其特性与制作要求有专门的标准规定。标准试块通常具有规定的化学成分、表面粗糙度、热处理及几何形状，用于评定和校准超声检测设备，即用于仪器探头系统性能测试校准和检测校准，如 CSK-ⅠA 试块。

(2) 对比试块

是指与被检件或材料化学成分相似，含有意义明确参考反射体(反射体应采用机加工方式制作)的试块，用以调节超声检测设备的幅度和声程，以将所检出的缺陷信号与已知反射体所产生的信号相比较，即用于检测校准的试块。

对比试块的外形尺寸应能代表被检工件的特征，试块厚度与被检工件的厚度相对应。如果涉及不同工件厚度对接接头的检测，试块厚度的选择应由较大工件厚度确定。

(3) 模拟试块

模拟试块是含模拟缺陷的试块，可以是模拟工件中实际缺陷而制作的样件，或者是在以往检测中所发现含自然缺陷的样件。模拟试块主要用于检测方法的研究、无损检测人员资格考核和评定、评价和验证仪器探头系统的检测能力和检测工艺等。

2. 人工反射体

试块中的人工反射体应按其使用目的选择，应尽可能与需检测的缺陷特征接近。常用的人工反射体主要有长横孔、短横孔、横通孔、平底孔、V 型槽和其他线切割槽等。

(1) 长横孔和横通孔具有轴对称特点，反射波幅比较稳定，有线性缺陷特征，适用于各种 K 值探头。通常使用对接接头、堆焊层的超声检测中，也有用在螺栓件和铸件检测中。

(2) 短横孔在近场区表现为线状反射体特征，在远场区表现为点状反射体特征。主要用于对接焊接接头检测。适用于各种 K 值探头。

(3) 平底孔一般具有点状面积型反射体的特点，主要用于锻件、钢板、对接焊接接头、复合板、堆焊层的超声检测。通常适用于直探头和双晶探头的校准和检测。

(4) V 型槽和其他线切割槽具有表面开口的线性缺陷的特点。适用于钢板、钢管、锻件等工件的横波检测，也可以模拟其他工件或对接接头表面或近表面缺陷以调整检测灵敏度。检测或校准时，通常采用 $K1$ 斜探头，根据需要，也可采用其他 K 值探头。

二、标准试块

1. 标准试块的基本要求

标准试块的材质应均匀，内部杂质少，无影响使用的缺陷。加工容易，不易变形和锈蚀，具有良好的声学性能。试块的平行度、垂直度、粗糙度和尺寸精度都应经过严格检验并符合一定的要求。

标准试块要用平炉镇静钢或电炉软钢制作，如 20 号碳钢。标准试块检测面粗糙度一般不低于 R_a=1.6 μm，尺寸公差±0.05 mm。

试块上的平底孔应检验其直径、孔底表面粗糙度、平面度等。常用下述检查方法：先用无腐蚀性溶剂清洗孔并干燥，然后用注射器将硅橡胶液注入孔内，抽出注射器，插入大头针，待橡胶凝固后借助大头针将橡胶模型取出，在光学投影仪上检查孔底粗糙度和平整程度。

2. CSK-ⅠA 标准试块

CSK-ⅠA 试块是承压设备无损检测标准 NB/T 47013.3—2015 中规定的标准试块，试块结构尺寸如图 2-7 所示。

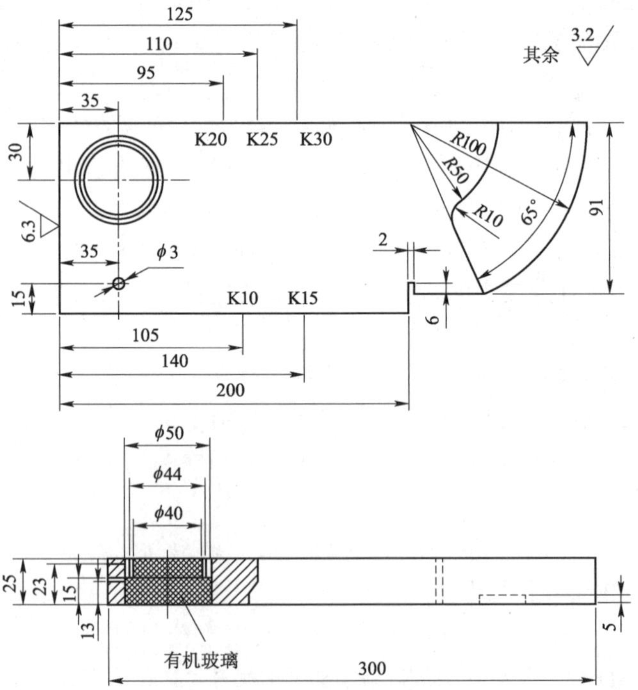

图 2-7　CSK-ⅠA 试块结构尺寸

CSK-ⅠA 试块的主要用途如下：

(1) 利用试块上 25 mm 和 100 mm 尺寸调整纵波检测范围和扫描速度；

（2）利用试块上 25 mm 或 100 mm 尺寸检测仪器的水平线性、垂直线性和动态范围；

（3）利用试块上 85 mm、91 mm 和 100 mm 尺寸测直探头和仪器组合的远场分辨力；

（4）利用试块上ϕ50 mm 有机玻璃圆弧面与侧面间距 5 mm 和 10 mm 测定直探头与仪器组合的盲区；

（5）利用ϕ50 mm、ϕ44 mm、ϕ40 mm 台阶孔测定横波斜探头的分辨力；

（6）利用 R100、R50 阶梯圆弧调整横波扫描速度和检测范围；

（7）试块 R100 或ϕ1.5 mm 测定斜探头和仪器组合的灵敏度余量；

（8）利用试块上 R100 mm 或 R50 mm 圆弧面测定斜探头的入射点；

（9）利用ϕ50 mm 或ϕ44 mm 或ϕ40 mm 台阶孔测定横波斜探头的角度；

（10）利用试块的直角棱边侧测斜探头声束轴线的偏离。

三、对比试块

1. 对比试块的基本要求

对比试块材料的透声性、声速、声衰减等应尽可能与被检工件相同或相近。一般情况下，对比试块材质尽可能与被检工件相同或相近。低合金钢、碳钢和工具钢的声性能相差不大，以一种材料来制作对比试块基本可以代用。但不锈钢、镍基合金、钴基合金应采用工件本身的材料来制作。制作时应保证材质均匀、无杂质、无影响使用的缺陷。

对比试块的外形应尽可能简单，并能代表被检工件的特征；对比试块厚度应与被检工件的厚度要相对应；对比试块粗糙度与被检工件相同或相近。如果涉及两种或两种以上不同厚度部件焊接接头的检测，对比试块的厚度应由其最大厚度来确定。对比试块一般采用人工反射体，常用反射体有长横孔、短横孔、横通孔、平底孔、V 型槽和其他线切割槽等。

加工好的试块应测试其外形尺寸公差，并采用硅橡胶覆型的方法观测孔底的形状和尺寸误差。对于成套距离—幅度试块，也需要测试其距离—幅度曲线。

2. 常用对比试块

NB/T 47013.3—2015 标准中规定和采用的对比试块主要有：

（1）钢板横波检测对比试块；

（2）锻件横波检测对比试块；

（3）无缝钢管横波检测用对比试块：纵波人工缺陷试块、横波人工缺陷试块；

（4）声能传输损耗超声检测对比试块；

（5）T 型焊接接头超声检测对比试块；

（6）钢制压力管道和管子焊接接头超声检测对比试块；

（7）T1，T2，T3 型堆堆焊层超声检测对比试块；

（8）奥氏体不锈钢对接接头对比试块。

四、试块的使用和维护

试块的日常使用和维护应注意以下几点：

（1）试块应在适当部位编号，以防混淆；

（2）试块在使用和搬运过程中应注意保护，防止碰伤或擦伤；

(3) 使用试块时应注意清除反射体内的油污和锈蚀。常用沾油细布将锈蚀部位抛光，或用合适的去锈剂处理。平底孔在清洗干燥后用尼龙塞或胶合剂封口；

(4) 注意防止试块锈蚀,使用后停放时间较长,要涂敷防锈剂；

(5) 要注意防止试块变形,如避免火烤,平板试块尽可能立放防止重压。

思考题

1. 超声检测仪主要有哪几部分组成?
2. 超声检测仪日常维护应注意哪些?
3. 探头的结构有哪些?它们各自的作用是什么?
4. 双晶探头具有哪些优点?
5. 什么叫耦合剂?
6. 试块分为哪几类?
7. 试块中常用的人工反射体有哪些?
8. 简述 CSK-ⅠA 试块的主要用途。
9. 对比试块的基本要求有哪些?
10. 试块的日常使用和维护应注意哪些?

第三章　超声检测方法分类与特点

第一节　按原理分类

超声检测方法按原理分类，可分为脉冲反射法、穿透法和共振法。

一、脉冲反射法

超声波探头发射脉冲波到被检试件内，根据反射波的情况来检测试件缺陷的方法，称为脉冲反射法。脉冲反射法包括缺陷回波法、底波高度法和多次底波法。

1. 缺陷回波法

根据仪器示波屏上显示的缺陷波形进行判断的方法，称为缺陷回波法，该方法是反射法的基本方法。

当试件完好时，超声波可顺利传播到达底面，检测图形中只有表示发射脉冲 T 及底面回波 B 两个信号，如图 3-1a 所示；若试件中存中缺陷，在检测图形中，底面回波前有表示缺陷的回波 F，如图 3-1b 所示。

2. 底波高度法

当试件的材质和厚度不变时，底面回波高度应是基本不变的。如果试件内存在缺陷，底面回波高度会下降甚至消失，如图 3-2 所示。

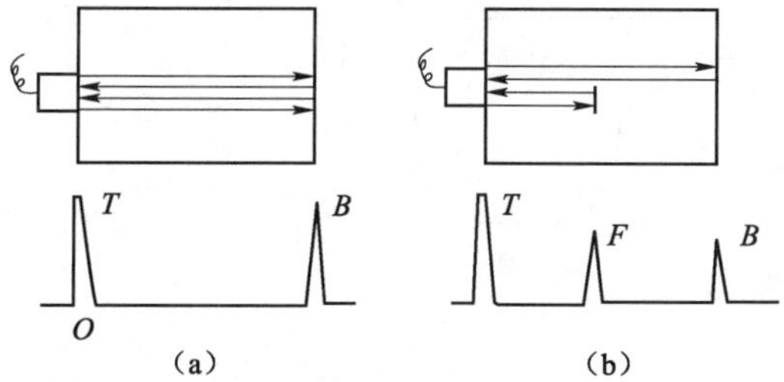

图 3-1　缺陷回波法

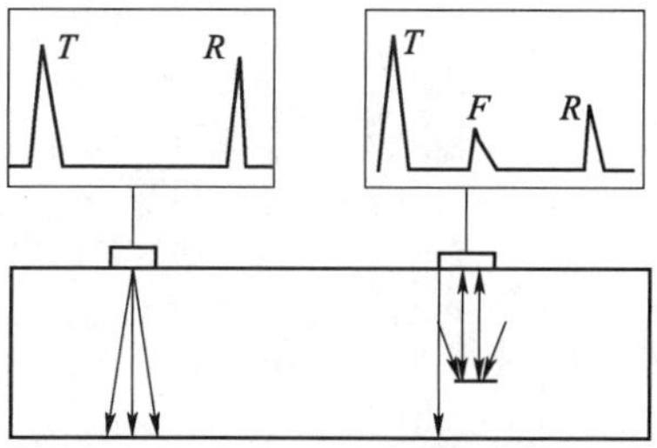

图 3-2　底波高度法

这种依据底面回波的高度变化判断试件缺陷情况的检测方法，称为底波高度法。底波高度法的特点在于同样投影大小的缺陷可以得到同样的指示，而且不出现盲区，但是要求被探试件的检测面与底面平行，耦合条件一致。

由于该方法检出缺陷定位定量不便，灵敏度较低，因此，实用中很少作为一种独立的检测方法，而经常作为一种辅助手段，配合缺陷回波法发现某些倾斜的和小而密集的缺陷。

3. 多次底波法

当透入试件的超声波能量较大，而试件厚度较小时，超声波可在检测面与底面之间往复传播多次，示波屏上出现多次底波 B_1、B_2、B_3、……。如果试件存在缺陷，则由于缺陷的反射以及散射而增加了声能的损耗，底面回波次数减少，同时也打乱了各次底面回波高度依次衰减的规律，并显示出缺陷回波，如图 3-3 所示。这种依据底面回波次数。而判断试件有无缺陷的方法，即为多次底波法。

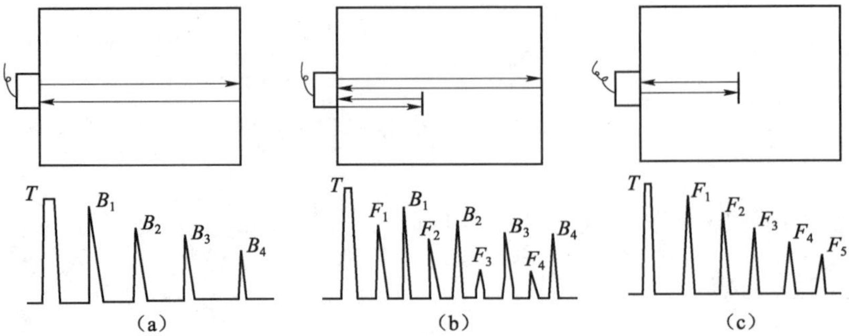

图 3-3 多次底波法

(a) 无缺陷；(b) 小缺陷；(c) 大缺陷

多次底波法主要用于厚度不大、形状简单、检测面与底面平行的试件检测，缺陷检出的灵敏度低于缺陷回波法。

二、穿透法

穿透法是采用一发一收双探头分别放置在工件相对的两端面，依据脉冲波或连续波穿透工件之后的能量变化来检测工件缺陷的方法。

穿透法常采用两个探头，一个作发射用，一个作接收用，分别放置在试件的两侧进行检测，图 3-4a 为无缺陷时的波形，图 3-4b 为有缺陷时的波形。

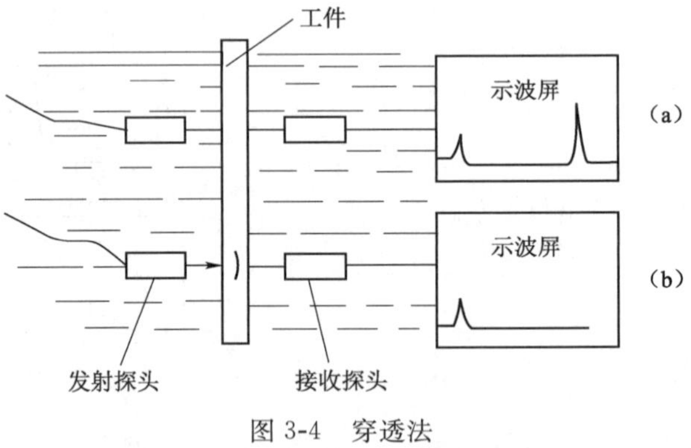

图 3-4 穿透法

(a) 无缺陷时的波形；(b) 有缺陷时的波形

三、共振法

若声波（频率可调的连续波）在被检工件内传播，当试件的厚度为超声波半波长的整数倍时，将引起共振。当试件内存在缺陷或工件厚度发生变化时，将改变试件的共振频率。依据工件的共振特性来判断缺陷情况和工件厚度变化情况的方法称为共振法。常用于工件测厚。

第二节　按波型分类

根据检测采用的波型,超声检测可分为纵波法、横波法、表面波法、板波法和爬波法等。

一、纵波法

1. 纵波直探头法

使用直探头发射纵波,进行检测的方法,称为纵波直探头法。此法波束垂直入射至试件检测面,以不变的波型和方向透入试件,如图 3-5 所示。

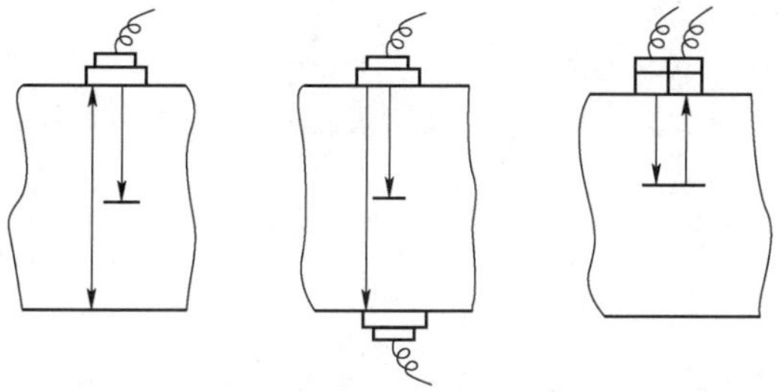

图 3-5　纵波法示意图

纵波法分为单晶探头反射法、双晶探头反射法和穿透法。纵波法主要用于铸造、锻压、轧材及其制品的检测,该法对与检测面平行的缺陷检出效果最佳。由于盲区和分辨力的限制,其中反射法只能发现试件内部离检测面一定距离以外的缺陷。

在同一介质中传播时,纵波速度大于其他波型的速度,穿透能力强,晶界反射或散射的敏感性较差,所以可检测工件的厚度是所有波型中最大的,而且可用于粗晶材料的检测。由于垂直法检测时,波型和传播方向不变,所以缺陷定位比较方便。

2. 纵波斜探头法

将纵波倾斜入射至工件检测面,利用折射纵波进行检测的方法,称为纵波斜探头法。此时,入射角小于第一临界角 α_{I},工件中既有纵波也有横波。由于纵波传播速度快,几乎是横波的两倍,因此可利用纵波来识别缺陷和定量,但注意不要与横波信号混淆。

二、横波法

纵波通过楔块、水等介质倾斜入射至试件检测面,利用波型转换得到横波进行检测的方法,称为横波法。由于透入试件的横波波束与检测面成锐角,所以又称斜射法。如图 3-6 所示。

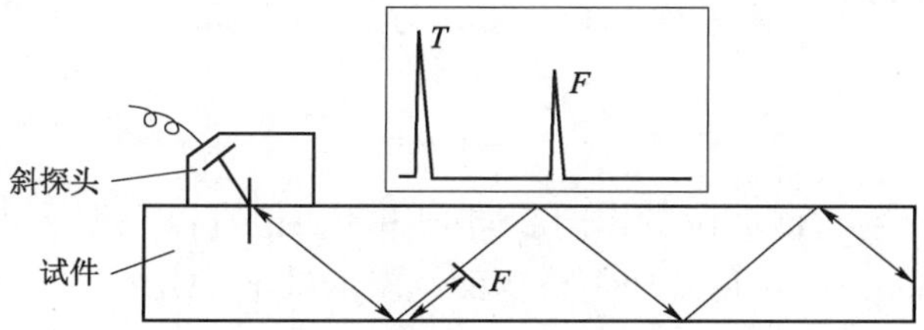

图 3-6　横波法

此方法主要用于管材、焊缝的检测。其他试件检测时，则作为一种有效的辅助手段，用以发现垂直检测法不易发现的缺陷。

三、表面波法

使用表面波进行检测的方法，称为表面波法。这种方法主要用于表面光滑的试件。表面波波长比横波波长还短，因此衰减也大于横波。同时，它仅沿表面传播，对于表面上的覆层、油污、不光洁等，反应敏感，并被大量地衰减。利用此特点可以通过手沾油在声束传播方向上进行触摸并观察缺陷回波高度的变化，对缺陷定位。

四、板波法

使用板波进行检测的方法，称为板波法。主要用于薄板、薄壁管等形状简单的试件检测。板波充塞于整个试件，可以发现内部的和表面的缺陷。但是检出灵敏度除取决于仪器工作条件外，还取决于波的形式。

五、爬波法

使用爬波进行检测的方法，称为爬波法。爬波对于检测表面比较粗糙的工件的表层缺陷，如铸件、有堆焊层的工件等，其灵敏度和分辨力均比表面波高。

第三节　按探头数目分类

根据检测采用探头数目，超声检测可分为单探头法、双探头法和多探头法。

一、单探头法

使用一个探头兼作发射和接收超声波的检测方法称为单探头法。单探头法操作方便，大多数缺陷可以检出，是目前最常用的一种方法。

单探头法检测，对于与波束轴线垂直的片状缺陷和立体型缺陷的检出效果最好。与波束轴线平行的片状缺陷难以检出。当缺陷与波束轴线倾斜时，则根据倾斜角度的大小，能够收到部分回波或者因反射波束全部反射在探头之外而无法检出。

二、双探头法

使用两个探头（一个发射，一个接收）进行检测的方法称为双探头法。用于发现单探头难以检出的缺陷。

双探头又可根据两个探头排列方式和工作方式进一步分为并列式、交叉式、V 型串列式、K 型串列式和串列式等。

1. 并列式

两个探头并列放置，检测时两者作同步同向移动。但直探头作并列放置时，通常是一个探头固定，另一个探头移动，以便发现与检测面倾斜的缺陷，如图 3-7a 所示。分割式探头的原理，就是将两个并列的探头组合在一起，具有较高的分辨力和信噪比，适用于薄试件、近表面缺陷的检测。

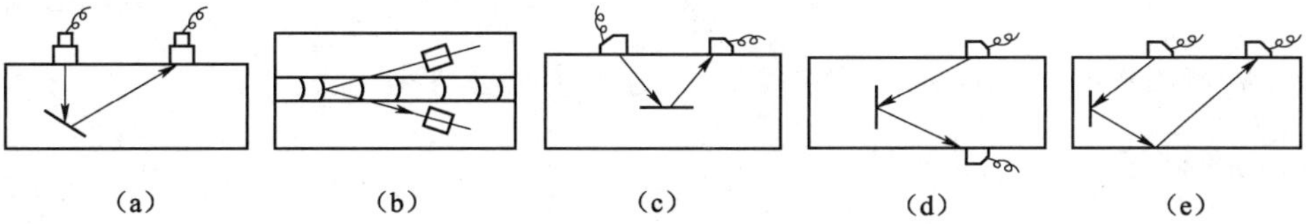

图 3-7　双探头的排列方式

(a) 并列式；(b) 交叉式；(c) V 型串列式；(d) K 型串列式；(e) 串列式

2. 交叉式

两个探头轴线交叉，交叉点为要检测的部位，如图 3-7b 所示。此种检测方法可用来发现与检测面垂直的片状缺陷，在焊缝检测中，常用来发现横向缺陷。

3. V 型串列式

两探头相对放置在同一面上，一个探头发射的声波被缺陷反射，反射的回波刚好落在另一个探头的入射点上，如图 3-7c 所示。此种检测方法主要用来发现与检测面平行的片状缺陷。

4. K 型串列式

两探头以相同的方向分别放置于试件的上下表面上。一个探头发射的声波被缺陷反射，反射的回波进入另一个探头，如图 3-7d 所示。此种检测方法主要用来发现与检测面垂直的片状缺陷。

5. 串列式

两探头一前一后，以相同方向放置在同一表面上，一个探头发射的声波被缺陷反射，反射的回波经底面反射进入另一个探头，如图 3-7e 所示。此种检测方法用来发现与检测面垂直的片状缺陷(如厚焊缝的中间未焊透)。两个探头在一个表面上移动，操作比较方便，是一种常用的检测方法。

三、多探头法

使用两个以上的探头成对地组合在一起进行检测的方法，称为多探头法。多探头法的应用，主要是通过增加声束来提高检测速度或发现各种取向的缺陷。通常与多通道仪器和自动扫描装置配合，如图 3-8 所示。

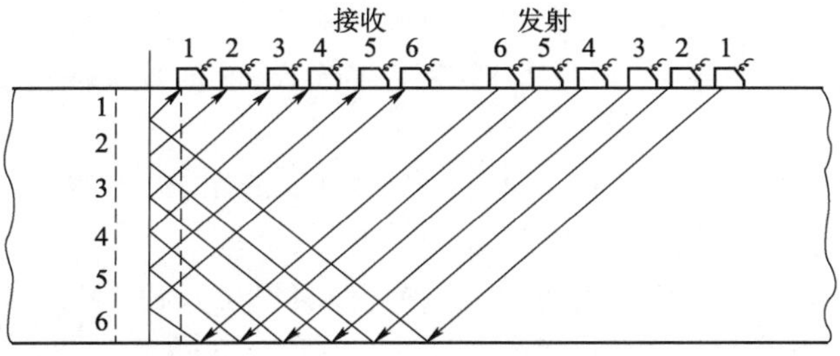

图 3-8　多探头法

第四节 按探头接触方式分类

依据检测时探头与试件的接触方式,可以分为接触法与液浸法。

一、接触法

探头与试件检测面之间,涂有很薄的耦合剂层,可以看作为两者直接接触。

此方法操作方便,检测图形较简单,判断容易,检出缺陷灵敏度高,是实际检测中用得最多的方法。但要求检测试件的检测面光洁度较高。

二、液浸法

将探头和工件浸于液体中以液体作耦合剂进行检测的方法。耦合剂可以是水,也可以是油。当以水为耦合剂时,称为水浸法。

液浸法检测,探头不直接接触试件,所以此方法适用于表面粗糙的试件,探头也不易磨损,耦合稳定,检测结果重复性好,便于实现自动化检测。

液浸法按检测方式不同又分为全浸没式和局部浸没式。

1. 全浸没式

被检试件全部浸没于液体之中,适用于体积不大,形状复杂的试件检测,如图 3-9a 所示。

2. 局部浸没式

把被检试件的一部分浸没在水中或被检试件与探头之间保持一定的水层而进行检测的方法,使用于大体积试件的检测。局部浸没法又分喷液式、通水式和满溢式。

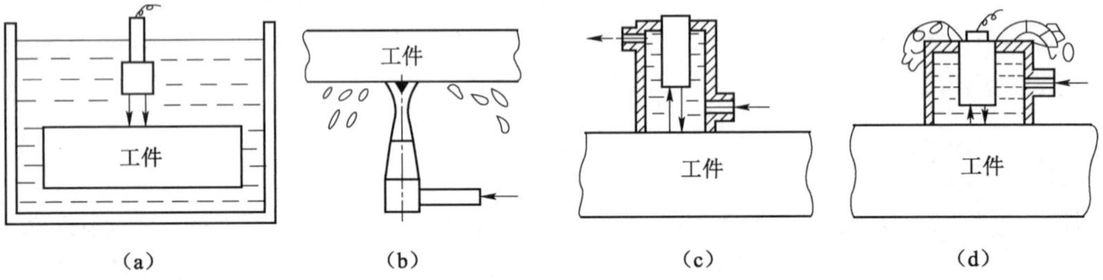

图 3-9 液浸法

(a) 全浸没式;(b) 喷液式;(c) 通水式;(d) 满溢式

(1) 喷液式:超声波通过以一定压力喷射至检测表面的水柱耦合方式,称为喷液式,如图 3-9b 所示。

(2) 通水式:借助于一个专用的有进水、出水口的液罩,以使罩内经常保持一定容量的液体。这种方法称为通水式,如图 3-9c 所示。

(3) 满溢式:满溢式液罩结构与通水式相似,但只有进水口,多余液体在罩的上部溢出,这种方法称为满溢式,如图 3-9d 所示。

根据探头与工件检测面之间液层的厚度,液浸法又可分为高液层法和低液层法。

三、接触法和液浸法特点比较

1. 接触法优点

多为手工检测，操作方便；设备简单、适用于现场检测，且成本较低；直接耦合，入射声能损失小，可以提供较大的厚度穿透能力；在相同的检测参数下，可比液浸法提供更高的检测灵敏度。

2. 接触法缺点

手工操作受人为因素影响较大，耦合不易稳定；要求被检表面的粗糙度较小。

3. 液浸法优点

探头与被检工件不接触，超声波的发射和接收均较稳定，表面粗糙度的影响较小；通过调节探头角度，可方便的改变探头发射的声束方向；可缩小检测盲区，从而可检测较薄的工件；探头不直接接触工件，探头损坏的可能性小，探头寿命长；便于实现聚焦声束检测，满足高灵敏度、高分辨率检测的需要；便于实现自动检测，减少影响检测可靠性的人为因素。

4. 液浸法缺点

超声波在液体和金属表面的反射，损失了大量的能量，需采用较高的增益。当检测高衰减材料或大厚度材料时，可能没有足够的能量。在较高增益下，还可能出现噪声干扰。

在实际检测时，应根据应用的对象、目的和场合，结合两种方法的优缺点综合选择。

思考题

1. 超声波检测方法按原理分哪几类？
2. 超声波检测方法按波型分哪几类？
3. 超声波检测方法按采用探头数目分哪几类？
4. 请比较接触法和液浸法特点。

第四章　脉冲反射法超声检测通用技术

脉冲反射法超声检测在检测条件、耦合与补偿、仪器的调节、缺陷的定位、定量、定性等方面都有一些通用的技术，掌握这些通用技术对于发现缺陷并正确评价是很重要的。

脉冲反射法超声检测的基本步骤是：检测前的准备，仪器、探头、试块的选择，仪器和探头系统复验等。

检测条件的选择首先是指仪器和探头的选择。正确选择仪器和探头对于有效地发现缺陷，并对缺陷定位、定量和定性是至关重要的；实际检测中要根据工件结构形状、加工工艺和技术要求来选择仪器与探头。

第一节　仪器、探头、耦合剂的选择

一、超声检测仪的选择

超声检测仪的选择一般遵循以下规律：

(1) 对于定位要求高的情况，应选择水平线性误差小的仪器；

(2) 对于定量要求高的情况，应选择垂直线性好，衰减器精度高的仪器；

(3) 对于大型零件的检测，应选择灵敏度余量高、信噪比高、功率大的仪器；

(4) 为了有效地发现近表面缺陷和区分相邻缺陷，应选择盲区小、分辨力好的仪器；

(5) 对于室外现场检测，应选择重量轻，荧光屏亮度好，抗干扰能力强的携带式仪器。

此外要求选择性能稳定、重复性好和可靠性好的仪器。

二、探头的选择

超声检测中，超声波的发射和接收都是通过探头来实现的。探头的种类很多，结构型式也不一样。检测前应根据被检对象的形状、衰减和技术要求来选择探头。探头的选择包括探头的型式、频率、晶片尺寸和斜探头 K 值的选择等。

1. 探头型式的选择

常用的探头型式有纵波直探头、横波斜探头、纵波斜探头、表面波探头、双晶探头和聚焦探头等。根据工件的形状和可能出现缺陷的部位、方向等条件来选择探头的型式，使声束轴线尽量与缺陷垂直。

(1) 纵波直探头波束轴线垂直于检测面，主要用于检测与检测面平行或近似平行的缺陷，如锻件、钢板中的夹层、折叠等缺陷。

(2) 横波斜探头是通过波形转换来实现横波检测的。横波波长短，检测灵敏度高，主要用于检测与检测面垂直或成一定角的缺陷。如焊缝中的未焊透、夹渣、未熔合等缺陷。

(3) 纵波斜探头主要是利用小角度的纵波进行检测，或在横波衰减过大的情况下，利用纵波穿透能力强的特点进行斜入射纵波检测。

(4) 表面波探头用于检测工件表面缺陷。

(5) 双晶探头用于检测薄壁工件或近表面缺陷。

(6) 水浸聚焦探头可用于检测管材或钢板；接触聚焦探头可有效提高信噪比，但检测范围较小，可用于已发现缺陷的精确定量等目的。

2. 探头频率的选择

超声检测频率在 0.5～10 MHz，选择范围大。一般选择频率时应考虑以下因素：

(1) 由于波的绕射，使超声检测灵敏度约为 $\lambda/2$，因此提高频率，利于发现更小的缺陷；

(2) 频率越高，脉冲宽度越小，分辨力也就越高，有利于区分相邻缺陷且缺陷定位精度高；

(3) 频率高，波长越短，半扩散角就越小，声束指向性越好，能量集中，发现小缺陷的能力越强，但是相对检测区域也就越小，仅能发现声束轴线附近的缺陷；

(4) 频率高，近场区长度越大，对检测不利；

(5) 由 $a_3 = c_2 F d^3 f^4$ 可知，频率越高，衰减越大。对于金属材料，若频率过高或晶粒粗大时，衰减很显著，此时由于晶界的散射还会出现草状回波，信噪比下降，从而导致缺陷检出困难；

(6) 对于面积型缺陷，如果频率太高则会形成显著的反射指向性，如果超声波不是近于垂直入射到面状缺陷表面上，在检测方向可能不会产生足够大的回波，检出率会降低。

一般而言，频率的选择可这样考虑：对小缺陷、厚度不大的工件，宜选择较高频率；对于大厚度工件、高衰减材料，宜选择较低频率；如对于晶粒较细的锻件、轧制件和焊接件等，一般选用较高的频率，常用 2.5～5 MHz。对晶粒较粗大的铸件、奥氏体钢等宜选用较低的频率，常用 0.5～2.5 MHz。

3. 探头晶片尺寸的选择

探头晶片面积一般不大于 500 mm^2，圆晶片尺寸一般不大于 ϕ 25 mm，选择晶片尺寸时要考虑以下因素：

(1) 晶片尺寸增加，半扩散角减少，波束指向性变好，超声波能量就越集中，对声束轴线附近的缺陷检出十分有利；

(2) 晶片尺寸增加，近场区长度迅速增加，对检测不利；

(3) 晶片尺寸大，辐射的超声波能量大，探头未扩散区扫查范围大，远距离扫查范围相对变小，发现远距离缺陷能力增强。

晶片大小对声束指向性，近场区长度、近距离扫查范围和远距离缺陷检出能力有较大的影响。实际检测中，检测面积范围大的工件时，为了提高检测效率宜选用大晶片探头。检测厚度大的工件时，为了有效地发现远距离的缺陷宜选用大晶片探头。检测小型工件时，为了提高缺陷定位定量精度宜选用小晶片探头。检测表面不太平整，曲率较大的工件时，为了减少耦合损失宜选用小晶片探头。

4. 横波斜探头 K 值的选择

在横波检测中，探头的 K 值对检测灵敏度、声束轴线的方向，一次波的声程（入射点至底面反射点的距离）有较大的影响。由 $K = \mathrm{tg}\beta_s$ 可知，K 值越大，β_s 也越大，一次波的声程也就越大。

因此在实际检测中，当工件厚度较小时，应选用较大的 K 值，以便增加一次波的声程，避免近场区检测。当工件厚度较大时，应选用较小的 K 值，以减少声程过大引起的衰减，便于发现深度较大处的缺陷。

在焊缝检测中，K 值的选择既要考虑到可能产生的缺陷与检测面形成的角度，还要保证主声束能扫查整个焊缝截面。为了检测单面焊根部未焊透，还要考虑端角反射问题，应使 $K=0.7\sim1.5$，因为 $K<0.7$ 或 $K>1.5$，端角反射率很低，容易引起漏检。

三、耦合剂的选用

1. 耦合剂的一般要求

(1) 能润湿工件和探头表面，流动性、黏度和附着力适当，不难清洗；

(2) 声阻抗高，透声性能好；

(3) 来源广，价格便宜；

(4) 对工件无腐蚀，对人体无害，不污染环境；

(5) 性能稳定，不易变质，能长期保存。

2. 影响声耦合的主要因素

影响声耦合的主要因素有：耦合层的厚度，耦合剂的声阻抗，工件表面粗糙度和工件表面形状。

(1) 耦合层厚度对耦合有较大的影响

当耦合层厚度为 $\lambda/4$ 的奇数倍时，透声效果差，耦合不好，反射回波低。当耦合层厚度为 $\lambda/2$ 的整数倍或很薄时，透声效果好，反射回波高。

(2) 表面粗糙度的影响

工件表面粗糙度对声耦合有明显的影响。表面粗糙度高，耦合效果差，反射回波低。声阻抗低的耦合剂，随粗糙度的变大，耦合效果会降低得更快。但粗糙度太小，耦合效果将不会有明显增加。而且使探头因吸附力大而移动困难。一般要求工件表面粗糙度 R_a 不高于 6.3 μm。

(3) 耦合剂声阻抗的影响

耦合剂的声阻抗对耦合效果也有较大的影响。对于同一检测面，耦合剂声阻抗越大，耦合效果越好，反射回波也就越高。如表面粗糙度 $R_a=100$ μm 时，$Z=2.4$ 的甘油耦合回波比 $Z=1.5$ 的水耦合回波高 6～7 dB。

(4) 工件表面形状的影响

若工件表面形状不同，耦合效果也不一样，其中平面耦合效果最好，凸曲面次之，凹曲面最差。因为常用探头表面为平面，与曲面接触为点接触或线接触，耦合效果变差(声强透射率低)。但是凹曲面，由于探头中心不接触，因此耦合效果很差。

不同曲率半径的耦合效果也不相同，曲率半径越大，耦合效果越好。

第二节 纵波直探头检测技术

在实际检测中，为了在确定的检测范围内发现规定大小的缺陷，并对缺陷定位和定量，就必须在检测前调节好仪器的扫描速度和灵敏度。

一、扫描速度的调节

仪器示波屏上时基扫描线的水平刻度值 τ 与实际声程 x(单程)的比例关系,即 $\tau:x=1:n$,称为扫描速度或时基扫描线比例。它类似于地图比例尺,如扫描速度 1:2 表示仪器示波屏上水平刻度 1 mm 表示实际声程 2 mm。检测前应根据检测范围来调节扫描速度,以便在规定的范围内发现缺陷并对缺陷定位。

调节扫描速度的一般方法是根据检测范围利用已知尺寸的试块或工件上的两次不同反射波的前沿分别对准相应的水平刻度值来实现。不能利用一个反射波和始波来调节,因为始波与反射波之间的时间包括超声波通过保护膜、耦合剂的时间,始波起始点不等于工件的零点,这样调节扫描速度误差大。

二、检测灵敏度的调节

检测灵敏度是指在确定的声程范围内发现规定大小缺陷的能力,一般根据产品技术要求或有关标准确定。可通过调节仪器上的“增益”灵敏度旋钮来实现。调整检测灵敏度的目的在于发现工件中规定大小的缺陷,并对缺陷定量。检测灵敏度太高或太低都对检测不利。灵敏度太高,示波屏上杂波多,判伤困难;灵敏度太低,容易引起漏检。实际检测中,在粗探时为了提高扫查速度而又不致引起漏检,常常将检测灵敏度适当提高,这种在检测灵敏度的基础上适当提高后的灵敏度叫做检测灵敏度或扫查灵敏度。

调整检测灵敏度的常用方法有试块调整法和工件底波调整法两种。

1. 试块调整法

根据工件对灵敏度的要求选择相应的试块,将探头对准试块上的人工缺陷,调整仪器上的有关灵敏度旋钮,使示波屏上人工缺陷的最高反射回波达基准高,这时灵敏度就调好了。

例 4-1　压力容器用钢板是利用ϕ5 平底孔来整灵敏度的。具体方法是:探头对准ϕ5 平底孔,“抑制”至“0”,调“增益”使ϕ5 平底孔最高回波达示波屏满幅度 80%或 60%,这时灵敏度就调好了。

2. 工件底波调整法

利用试块调整灵敏度,操作简单方便,但需要加工不同声程不同当量尺寸的试块,成本高,携带不便。同时还要考虑工件与试块因耦合和衰减不同进行补偿。如果利用工件底波来调整检测灵敏度,那么既不要加工任何试块,又不需要进行补偿。

利用工件底波调整检测灵敏度是根据工件底面回波与同深度的人工缺陷(如平底孔)回波分贝差为定值,这个定值可以由下述理论公式计算出来。

$$\Delta = 20\lg\frac{P_B}{P_f} = 20\lg\frac{2\lambda x}{\pi D_f^2}(x \geqslant 3N) \tag{4-1}$$

式中:x——工件厚度,mm;

D_f——要求检出的最小平底孔尺寸,mm。

利用底波调整检测灵敏度时,将深头对准工件底面,仪器保留足够的灵敏度余量,一般大于Δ+(6～10)dB(考虑扫查灵敏度),“抑制”至“0”,调“增益”使底波 B_1 最高达基准波高(如 80%),然后用“衰减器”增益ΔdB(即衰减余量减少ΔdB),这时检测灵敏度就调好了。

由于理论公式只适用于 $x \geqslant 3N$ 的情况，因此利用工件底波调灵敏度的方法也只能用于厚度尺寸 $x \geqslant 3N$ 的工件，同时要求工件具有平行底面或圆柱曲底面，且底面光洁干净。当底面粗糙或有水油时，将使底面反射率降低，底波下降，这样调整的灵敏度将会偏高。

例 4-2 用 2.5P20Z(2.5 MHz ϕ20 mm 直探头)检测厚度 x=400 mm 的饼形钢制工件，钢中 c_L=5 900 m/s，检测灵敏度为 400/ϕ2 平底孔(在 400 mm 处发现ϕ2 平底孔缺陷)。利用工件底波调整灵敏度的方法如下。

解：① 计算：利用理论计算公式算出 400 mm 处大底度与平底孔回波的分贝差Δ为：

$$\Delta = 20\lg\frac{P_B}{P_{\varphi_2}} = 20\lg\frac{2\lambda x}{\pi D_f^2} = 20\lg\frac{2\times2.36\times400}{3.14\times2^2} = 43.5 \approx 44 \text{ dB}$$

分贝差Δ也可由纵波平底孔 AVG 曲线得到，如图 4-1 中 MN 对应的分贝差Δ=44 dB。

② 调整：将探头对准工件大平底面，调“增益”使底波 B_1 达 80%，然后使“增益”提高 44 dB，这时ϕ2 灵敏度就调好了。也就是说这时 400 mm 处的ϕ2 平底孔回波正好达基准高。如果为了粗探时便于发现缺陷，可将“增益”再提高 6 dB 作为扫查灵敏度。但当发现缺陷以后对缺陷定量时，“增益”应调回 6 dB。

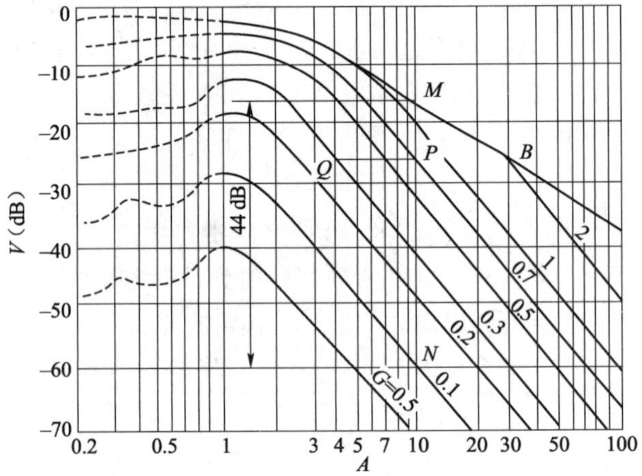

图 4-1 平底孔通用 AVG 曲线

利用试块和底波调整检测灵敏度的方法应用条件不同。利用底波调整灵敏度的方法主要用于具有平底面或曲底面大型工件的检测，如锻件检测。利用试块调整灵敏度的方法主要用于无底波和厚度尺寸小于 3N的工件检测。如焊缝检测、钢板检测、钢管检测等。此外，还可以利用工件某些特殊的固有信号来调整检测灵敏度，例如在螺栓检测中常利用螺纹波来调整检测灵敏度，在汽轮机叶轮键槽径向裂纹检测中常利用键槽圆角反射的键槽波来调整检测灵敏度。

三、扫查

扫查就是移动探头使声束覆盖到工件上需检测的所有体积的过程。因此，扫查的方式，包括探头移动方式、扫查速度、扫查间距等就是为保证扫查的完整而做出的具体规定。另外，为了保证缺陷的检出，防止因耦合不稳使缺陷显示幅度低而漏检，扫查时还常将调整好的仪器灵敏度再增益 4～6 dB，作为扫查灵敏度。但为避免噪声过高和近表面盲区增大，扫查灵敏度也不可任意增高。

1. 扫查方式

扫查方式按探头移动方向、移动轨迹来描述。纵波直探头检测的扫查方式一方面要考虑声束覆盖范围，另一方面，还要根据受检工件的形状、缺陷的可能取向和延伸方向，尽量使缺陷能够重复显现，并使动态波形容易判别。

根据工件的使用要求不同，有时要求对工件全部体积进行扫查，即探头在整个检测面上沿一定的方向移动，移动时相邻的间距需保证声束有一定重叠量，称为全面扫查；有时，则可以间隔较大的间距进行扫查，或只扫查工件的某些部位，称为局部扫查。

用双晶探头检测时，需要考虑扫查方向与隔声层方向平行或垂直进行。其扫查方法如图 4-2 所示。检测细长形缺陷时，应使探头隔声层与缺陷主延伸方向平行，探头垂直于缺陷主延伸方向移动，见图 4-2a。测定缺陷纵向长度时，探头隔声层应与缺陷主延伸方向垂直放置，并沿缺陷的纵向移动，见图 4-2b。

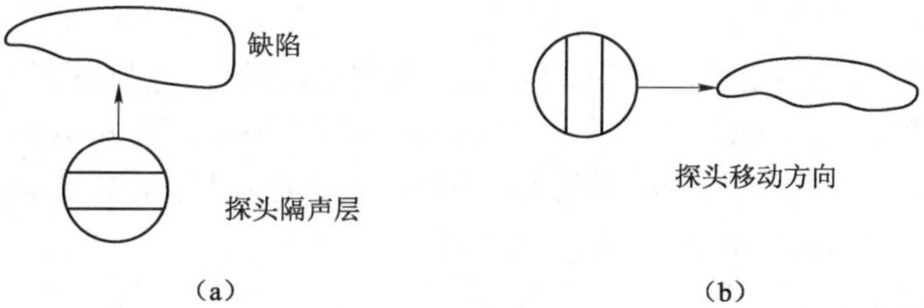

图 4-2　双晶探头扫查

(a) X向扫查；(b) Y向扫查

对于体积大、形状复杂的工件，还可以将工件分成几个部分(区)，分别进行扫查，称为分区扫查。

对于不同形状工件、有不同的扫查方式，如：对于圆盘形工件，多沿圆周方向在平表面进行扫查，沿径向等间隔前进；对于大型轴类，则常在外圆周做螺旋线扫查。

轴、管类件的螺旋线扫查在自动检测系统中有不同的设计。一种是工件不动，探头在外圆表面上按螺旋线轨迹移动；另一种是探头不动，工件在旋转的同时作轴向直线进给运动；第三种是探头沿工件轴向做直线进给运动，同时，工件做旋转运动；或者是探头做旋转周向运动，工件做直线进给运动。

2. 扫查速度

扫查速度指的是探头在检测面上移动的相对速度。扫查速度应适当，在目视观察时应能保证缺陷回波能清楚地看到，在自动记录时，则要保证记录装置能有明确的记录。

扫查速度的上限与探头的有效声束宽度和重复频率有关。若从发射脉冲发出到探头接收到缺陷回波的时间很短，这段时间内探头与工件相对运动的距离则忽略不计，设重复频率为 f，那么，一次触发后扫描持续的时间为 $1/f$。若扫描重复 n 次才能使人看清楚荧光屏上显示的缺陷回波信号，或者使记录仪明确地记录下缺陷回波信号，则需要的时间为$(1/f)\times n$，此期间内，缺陷应处在探头的有效直径 D 之下，则扫查速度 v 应为：

$$v \leqslant \frac{Df}{n} \tag{4-2}$$

n 一般取 3 以上的数值。由此可见，如果探头的有效直径大，仪器的重复频率高，则扫查速度可以快一点。如果探头的有效直径小，仪器的重复频率低，则扫查速度必须放慢。

3. 扫查间距

扫查间距指的是相邻扫查线之间的距离（锯齿形扫查为齿距，螺旋线扫查为螺距等）。

扫查的间距通常根据探头的最小声束宽度来衡量，保证两次扫查之间有一定比例的覆盖。

四、缺陷的评定

当超声检测发现缺陷显示信号之后，要对缺陷进行评定，以判断是否危害使用。

缺陷评定的内容主要是缺陷位置的确定和缺陷尺寸的评定。缺陷位置包括缺陷平面位置和埋藏深度的确定；缺陷尺寸的评定包括缺陷回波幅度的评定、当量尺寸的评定和缺陷延伸长度（或面积）的测量。

1. 缺陷位置的确定

（1）缺陷平面位置的确定

纵波直探头发现缺陷后，首先找到缺陷波为最大幅度的位置，则缺陷通常位于探头的正下方。由于声束通常有一定的宽度，这种方法确定的缺陷平面位置并不是十分精确的。

确定平面位置时需考虑探头声束是否有偏离，如果在近场区，需考虑是否有双峰，这些因素可能使得信号幅度最大时，缺陷不在探头的正下方。

（2）缺陷埋藏深度的确定

用纵波直探头进行直接接触法检测时，如果超声检测仪的时基线是按 1:n 的比例调节的，观察到缺陷回波前沿所对的水平刻度值为 τ_f，则缺陷至探头的距离 X_f 为：$X_f = n\tau_f$。

例 4-3 用纵波直探头检测，时基线比例为 1:2，在水平刻度 50 处有一缺陷回波，则缺陷至探头的距离：

$$X_f = 50 \times 2 = 100(\text{mm})$$

在声速均匀的情况下，反射回波的时间间隔与传播距离是严格成正比的。因此，在经过校正的时基线上读出的缺陷埋深可以是很精确的。

水浸法确定缺陷深度的原理与接触法相同，只要以水与工件的界面回波作为深度读数的零点，按工件声程进行时基线比例调节即可。

2. 缺陷尺寸的评定

在实际检测中，由于自然缺陷的形状、性质等是多种多样的，要通过超声回波信号确定缺陷的真实尺寸还是比较困难的。目前主要是利用来自缺陷的反射波高、沿工件表面测出的缺陷延伸范围以及存在缺陷时底面回波的变化等信息，对缺陷的尺寸进行评定。评定的方法包括回波高度法、当量评定法和长度测量法。当缺陷尺寸小于声束截面时，可用缺陷回波幅度当量直接表示缺陷的大小；当缺陷大于声束截面时，幅度当量不能表示出缺陷的尺寸，则需用缺陷指示长度测定方法确定缺陷的延伸长度。

（1）回波高度法　根据回波高度给缺陷定量的方法称为回波高度法。回波高度法有缺陷回波高度法和底面回波高度法两种。常把回波高度法称为波高法。

1）缺陷回波高度法

在确定的检测条件下，缺陷的尺寸越大，反射声压越大，声压与回波高度成正比。因此，缺陷的大小可以用缺陷回波高度来表示。

缺陷回波高度的一种表示方法是，在调定的灵敏度下，缺陷回波峰值相对于荧光屏垂直满刻度的百分比，时基线位于垂直零位时，可由垂直刻度线直接读出。另一种表示方法是用回波峰值下降或上升至基准高度所需衰减（或增益）的分贝数来表示缺陷回波的高度，在调定的灵敏度下，回波高于基准高度记为正分贝，回波低于基准高度记为负分贝。

缺陷回波高度法在自动化或半自动化检测时十分方便。在实际检测时，用规定的反射体调好检测灵敏度后，以缺陷回波高度是否高于基准回波高度，作为判定工件是否合格的依据，通过闸门高度的设定，可以进行自动报警与记录。

2）底面回波高度法

当工件上、下面与入射声束垂直且缺陷反射面小于入射声束截面时，可用底面回波高度法。

工件中有缺陷时，由于部分声能被缺陷反射，使传到底面的声能减小，从而底面回波高度比无缺陷时降低。底面回波高度降低的多少与缺陷的大小有关，缺陷越大，底面回波高度下降得越多；反之，缺陷越小，底面回波高度下降得越少。因此，可用底面回波高度来表示缺陷大小。

底面回波高度法表示缺陷相对大小可有以下不同的方法：

① B/B_F 法　B/B_F 法就是在一定的检测灵敏度条件下，用无缺陷时的工件底面回波高度 B 与有缺陷时的工件表面回波高度 B_F 相比较来确定缺陷相对大小的方法。检测时，观察工件底面回波的降低情况，缺陷的大小用 B/B_F 值来表示。无缺陷时，B/B_F 值为 1，有缺陷时 B/B_F 值大于 1，B/B_F 值越大，则缺陷越大。

② F/B_F 法　F/B_F 法就是用缺陷回波的高度 F 与缺陷处工件底面回波的高度 B_F 相比较来确定缺陷相对大小的方法。缺陷的存在使得底波降低，缺陷越大，则 F 越高，B_F 越低。缺陷的大小用 F/B_F 值来表示，F/B_F 值越大，缺陷越大。F/B_F 值不仅和缺陷面积有关，还和缺陷的反射情况有关。

③ F/B 法　F/B 法是用缺陷回波的高度 F 与无缺陷处工件底面回波的高度 B 相比较来确定缺陷相对大小的方法。这种方法底波高度 B 是一个不变的量，同样的工件，F/B 值仅与缺陷回波高度有关。

底面回波高度法的优点是不需要对比试块和复杂的计算，而且可利用缺陷的阴影对缺陷大小进行评价，有助于检测因缺陷形状、反射率等原因使反射信号较弱的大缺陷。底波高度的降低主要与缺陷的大小有关。

底面回波高度法的缺点是不能明确地给出缺陷的尺寸，未考虑缺陷深度、声束直径等对检测结果的影响。因此，底波高度法常用于对缺陷定量要求不严格的工件或粗略评定工件质量的情况。底面回波高度法不适用于对形状复杂而无底面回波的工件进行检测。

（2）当量评定法　当量评定法是将缺陷的回波幅度与规则形状的人工反射体的回波幅度进行比较的方法，如果两者的埋深相同，反射波高相等，则该人工反射体的反射面尺寸为缺陷的当量尺寸。如缺陷当量平底孔尺寸为 $\phi 2$ mm 或缺陷尺寸为 $\phi 2$ mm 平底孔当量。当量评定法适用于面积小于声束截面的缺陷的尺寸评定。

当量评定法的理论基础是规则反射体回波声压规律。但是由于影响缺陷反射回波幅度的因素很多，所以当量法确定的当量尺寸并不是缺陷的真实尺寸。因为人工反射体是一个规则形状缺陷，且界面反射率较大，通常情况下实际缺陷的实际尺寸要大于当量尺寸。

当量评定的方法有试块对比法、当量计算法和 AVG 曲线法。

1）试块对比法。试块对比法是将缺陷波幅度直接与对比试块中同声程的人工反射体回波幅度相比较，两者相等时以该人工反射体尺寸作为缺陷当量。如人工反射体为 ϕ2 mm 平底孔时，称缺陷当量尺寸为 ϕ2 mm 平底孔当量。若缺陷波高与人工反射体的反射波高不相等，则以人工反射体尺寸和缺陷波幅度高于或低于人工反射体回波幅度的分贝数表示，如：ϕ2 mm+3 dB 平底孔当量，表示缺陷幅度比 ϕ2 mm 平底孔反射幅度高 3 dB。

采用试块对比法给缺陷定量时，要保持检测条件相同，即所用试块的材质、表面粗糙度和形状等都要与被检工件相同或相近，试块中平底孔的埋深应与缺陷的埋深相同，并且所用的仪器、探头和对探头施加的压力等也要相同。仪器应调整使回波易于比较，若波高可为荧光屏满刻度的 50%～80%。如果缺陷的埋深与所用的对比试块中平底孔的埋深不同，则可用两个埋深与之相近的平底孔，用插值法进行评定。

试块对比法的优点是明确直观，结果可靠，又不受近场区的限制，对仪器的水平线性和垂直线性要求也不高，因此，对于要求给缺陷回波幅度准确定量的重要工件或 $x<3N$ 情况下给缺陷定量时常采用试块对比法。

试块对比法的缺点：要制作一系列含不同声程不同直径人工缺陷的试块。现场检测时，携带和使用都很不方便。解决的办法是，采用与实际检测相同的探头与检测条件，预先将检测用对比试块测定好实用 AVG 曲线，在现场检测时，则可以仅携带少量试块调整仪器灵敏度，再根据曲线评定缺陷当量。该方法可以解决现场操作的不便，但制作对比试块的工作不能省略。

2）当量计算法。当量计算法是根据超声检测中测得的缺陷回波与基准波高（或底波）的分贝差值，利用各种规则反射体的理论回波声压公式进行计算，求出缺陷当量尺寸的定量方法。当量计算法的依据是各种反射体反射回波声压与反射体尺寸、距晶片距离的理论关系，以及大平底面反射与距离之间的理论关系。计算法应用的前提是缺陷位于 3 倍近场长度以外。

平底孔反射回波声压式：
$$P = P_0 \frac{F_s F_f}{\lambda^2 x^2} \tag{4-3}$$

大平底面回波声压公式：
$$P = P_0 \frac{F_s}{2\lambda x} \tag{4-4}$$

不同直径与距离处的平底孔，其回波声压间的分贝差值为：

$$\Delta dB = 20\lg \frac{d_1^2}{d_2^2} \cdot \frac{x_2^2}{x_1^2} = 40\lg \frac{d_1}{d_2} \cdot \frac{x_2}{x_1} \tag{4-5}$$

若考虑材质衰减引起的声压随距离的变化，则有：

$$\Delta dB = 40\lg\frac{d_1}{d_2}\cdot\frac{x_2}{x_1}+2a(x_2-x_1) \tag{4-6}$$

不同距离的平底孔与大平底回波声压间的分贝差值为：

$$\Delta dB = 20\lg\frac{\pi d_1^2 x_2}{2\lambda x_1^2}+2a(x_2-x_1) \tag{4-7}$$

若考虑材质衰减引起的声压随距离的变化，则有：

$$\Delta dB = 20\lg\frac{\pi d_1^2 x_2}{2\lambda x_1^2} \tag{4-8}$$

若测出缺陷回波高度与基准平底孔回波高度之比的分贝差 ΔdB，就可以用下式计算缺陷的当量尺寸：

$$d=\frac{d_j x}{x_j}\cdot 10^{\frac{\Delta dB-2a(x_j-x)}{40}} \tag{4-9}$$

式中：d_j——基准平底孔直径，mm；

x_j——基准平底孔的埋深，mm；

x——缺陷埋深，mm；

a——衰减系数，dB/mm。

若测出缺陷回波高度与大平底回波高度之比的分贝差 ΔdB，则可用下式计算缺陷当量：

$$d=\sqrt{\frac{2\lambda x^2}{\pi x_D}\cdot 10^{\frac{\Delta dB-2a(x_D-x)}{20}}} \tag{4-10}$$

式中：x_D——大平底距探头的距离，mm。

不考虑材质衰减时，可令上述公式中衰减系数 a 为 0。

3）AVG 曲线法。纵波直探头检测时，可用平底孔 AVG 曲线确定缺陷当量。AVG 曲线法的优点是不需要大量的试块，也不需要繁琐地计算。

用 AVG 曲线给缺陷定量的原理与当量计算法相同，首先要测出缺陷回波幅度相对于某一基准反射体回波幅度的分贝差，基准可以是工件的底面回波，也可以是试块上的规则反射体回波。根据测得的分贝差，在曲线图上可查出缺陷的当量尺寸。

（3）缺陷指示长度的测定

对于面积大于声束截面积或长度大于声束截面直径的缺陷，可根据可检测到缺陷的探头移动范围来确定缺陷的大小，通常称为缺陷指示长度的测量。

当声束整个宽度全部入射到大于声束截面缺陷上时，缺陷的反射幅度为最大值，当声束的一部分离开缺陷时，缺陷反射面积减小，回波幅度降低，完全离开时，缺陷回波不再显示。可以根据缺陷最大回波高度降低的情况和探头移动的距离来确定缺陷的边缘范围或长度。实际检测时，缺陷的回波高度完全消失的临界位置是难以界定的。所以，按规定的方法测定的缺陷长度称为缺陷的指示长度。由于实际工件中缺陷的取向、性质、表面状态等都会影响缺陷回波高度，因此缺陷的指示长度总是与缺陷的实际长度有一定的差别。

根据测定缺陷长度时的灵敏度基准不同，可以将测长法分为相对灵敏度法、绝对灵敏度法和端点峰值法。

1）相对灵敏度测长法

相对灵敏度测长法是以缺陷最高回波为相对基准，沿缺陷的长度方向移动探头，降低一定的 dB 值来测定缺陷的长度。降低的分贝值有 3 dB、6 dB、10 dB、12 dB、20 dB 等几种。

相对灵敏度测长法的操作过程是：发现缺陷回波时，找到缺陷最大回波高度，以此为基准，然后沿缺陷长度方向的一侧移动探头，使缺陷回波下降到相对于最大高度的某一确定值，记下此时的探头位置。再沿着相反的方向移动探头，使缺陷回波在另一侧下降到同样高度时，记下探头的位置。量出两个位置间探头移动的距离，即为缺陷的指示长度。

根据缺陷回波相对于其最大高度降低的 dB 值，相对灵敏度测长法使用较多的是 6 dB 法和端点 6 dB 法。6 dB 法（半波高度法）是用来对缺陷测长度常用的一种方法，用于测长扫查过程中缺陷只有一个高点的情况；当扫查过程中缺陷反射波有多个高点时，测长采用端点 6 dB 法。

2）绝对灵敏度测长法

绝对灵敏度测长法是在仪器灵敏度一定的条件下，探头沿缺陷长度方向平行移动，当缺陷波高降到规定位置时，将此时探头移动的距离作为缺陷指示长度。绝对灵敏度测长法测得的缺陷指示长度与测长灵敏度有关。测长灵敏度高，缺陷长度大。在自动检测中常用绝对灵敏度法测长。

3）端点峰值法

探头在测长扫查过程中，如发现缺陷反射波峰值起伏变化，有多个高点时，则可以将缺陷两端反射波极大值之间探头的移动长度作为缺陷指示长度，如图 4-3 所示。这种方法称为端点峰值法。

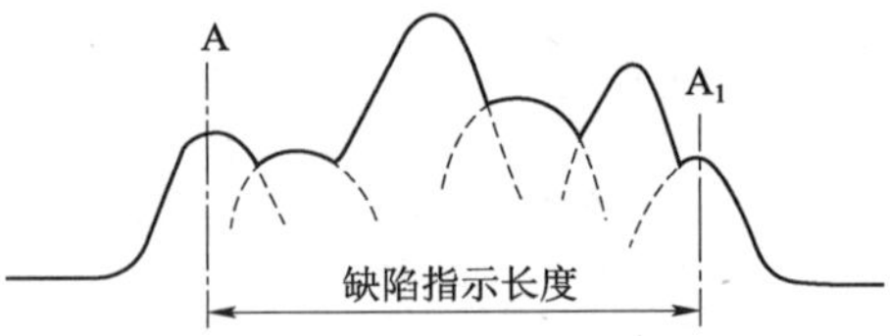

图 4-3 端点峰值法测长

端点峰值法测得的缺陷长度比端点 6 dB 法测得的指示长度要小一些。同样，端点峰值法适用于测长扫查过程中，缺陷反射波有多个高点的情况。

五、非缺陷回波的判别

纵波直探头法超声检测中，除了始波、底波和缺陷波外，常常还会出现一些其他的信号波，如迟到波、三角反射波、61° 反射波以及其他原因引起的非缺陷回波等，这些信号将影响到对缺陷波的正确判别。因此，分析了解常见非缺陷回波产生的原因和特点是十分必要的。

1. 迟到波

如图 4-4 所示，当纵波直探头置于细长（或扁长）工件或试块上时，扩散纵波波束在侧壁产生波型转换，转换为横波，此横波在另一侧面又转换为纵波，最后经底面反射回到探头，被探头接收，从而在示波屏上出现一个回波。由于转换的横波声程长，波速小，传播时间较直接从底面反射的纵波长，因此，转换后的波总是出现在第一次底波 B_1 之后，故称为迟到波。又由于变形横波可能在两侧壁产生多次反射，每反射一次就会出现一个迟到波，因此迟到波往往有多个，如图 4-4 中的 H_1、H_2、H_3、……。

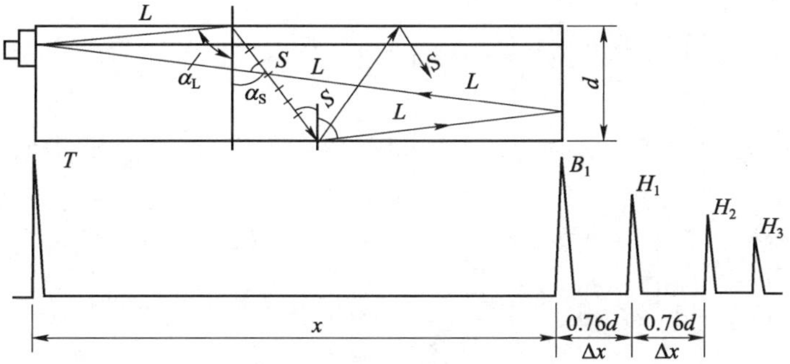

图 4-4　迟到波

迟到波之间的纵波声程差Δx(单程)是特定的。L 斜入射到钢/空气界面，当 α_L=70°左右，α_s=33°左右时，变形横波很强。由此可以算出Δx 为：

$$\Delta x=\frac{\Delta w}{2}=\left(\frac{d}{\cos\alpha_s}\frac{c_L}{c_s}-d\tan\alpha_s\right)\div 2$$
$$=\left(\frac{d}{\cos 33^\circ}\times\frac{5\,900}{3\,230}-d\tan 33^\circ\right)\div 2=0.76d \tag{4-11}$$

式中：Δw——迟到波 H_1 与底波 B_1 的波程差(双程)，mm；

d——试件的直径或厚度，mm。

可见迟到波总是位于 Δx 之后，并且位置特定，此点可作为对迟到波的判别依据。实际检测中，当直探头置于 IIW 或 CSK-ⅠA 试块上并对准 100 mm 厚的底面时，在各次底波之间出现一系列的波就是这种迟到波。

2. 61°反射

当探头置于图 4-5 所示的直角三角形试件上时，若纵波入射角 α 与横波反射角 β 的关系为：$\alpha+\beta=90^\circ$，则会在示波屏上出现位置特定的反射波。

由 $\beta=90^\circ-a$ 得：$\sin\beta=\cos\alpha$

由反射定律得：$\dfrac{\sin\alpha}{\sin\beta}=\dfrac{\sin\alpha}{\cos\alpha}=\tan\alpha=\dfrac{c_L}{c_s}$　(4-12)

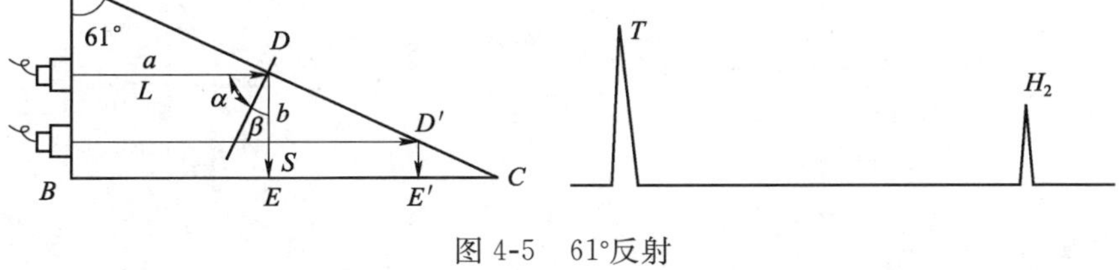

图 4-5　61°反射

对于钢：$\tan\alpha=\dfrac{c_L}{c_s}=\dfrac{5\,900}{3\,230}=1.82$　即 α=61°，所以这种反射称为 61°反射。

61°反射的声程为：$x_{61}=a+b\frac{c_L}{c_s}=a+b\tan\alpha=BE+EC=BC$

当探头在 AB 边上移动时，反射波的位置不变，其声程恒等于直角三角形61°角所对的直角边长 BC。

实际检测中，当探头置于图 4-6 所示的 CSK-ⅠA 试块上 A 处或类似结构的工件上时，也会产生 61°反射。

这时 61 反射的声程为：

$$x_A=d_1-R\cos61°+\frac{c_L}{c_s}(d_2-R\sin61°)=d_1+1.82d_2-2R \tag{4-13}$$

当探头向左平行移动到 B、C 处时，还会出现两种反射回波。

B 处是纵波反射角与入射角均等于 45°，其声程为：

$$x_B=d_1-R\cos45°+d_2-R\sin45°=d_1+d_2-2R\sin45°=d_1+d_2-1.414R \tag{4-14}$$

C 处是纵波垂直入射并反射，其声程为：$x_C=d_1-R$

对于 CSK-ⅠA 块，d_1=70 mm，d_2=35 mm，R=25 mm，探头于 A、B、C 三处的回波声程分别为：

$$x_A=70+1.82\times35-2\times25=83.7\text{ mm}$$
$$x_B=70+35-1.414\times25=69.6\text{ mm}$$
$$x_C=70-25=45\text{ mm}$$

对于结构比较复杂的工件，如焊接结构的汽轮机大轴，为了有效地检测焊缝根部缺陷，特加工 61°的斜面，利用 61°反射来检测，从而获得较检测灵敏度高的，如图 4-7 所示。

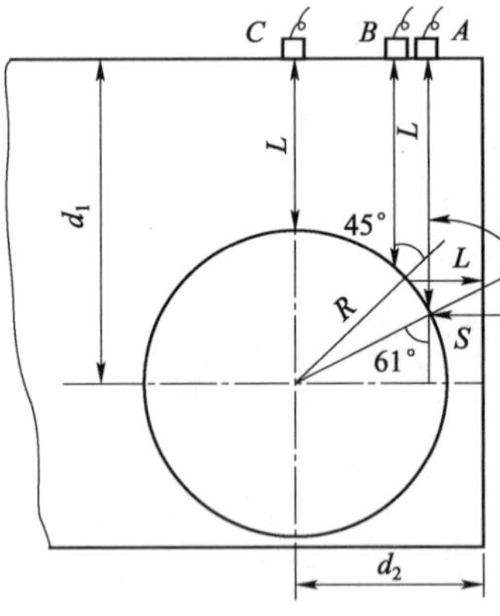

图 4-6 CSK-ⅠA 试块上的 61°反射

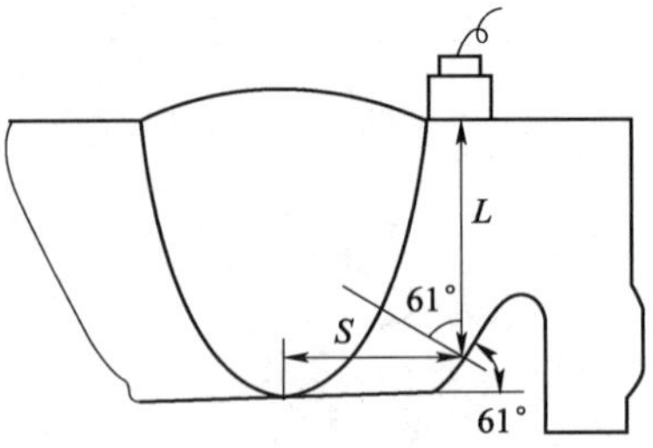

图 4-7 61°反射的应用

3. 三角反射

纵波直探头径向检测实心圆柱体时（如图 4-8 所示），由于探头平面与柱面接触面积小，使波束散角增加，这样扩散波就会在圆柱面上形成三角反射路径，从而在示波屏上出现三角发射波，人们把这种反射称为三角反射。

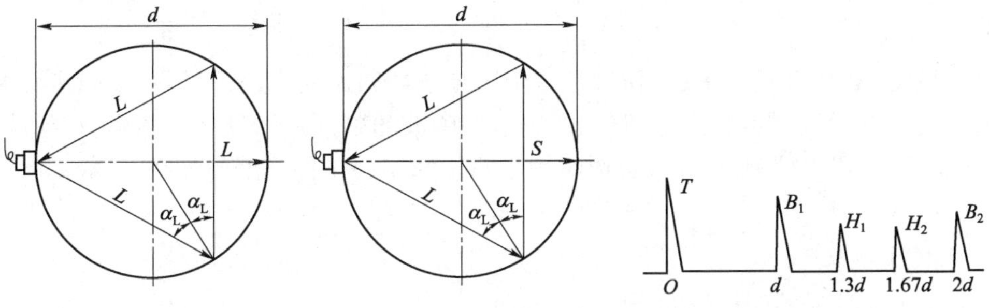

（a）　　（b）　　（c）

图 4-8　三角反射

如图 4-8a 所示，纵波散波束在圆柱面上不发生波型转换，形成等边三角形反射，其回波声程为：

$$x_1 = \frac{3}{2} d\cos 30° \approx 1.3d \qquad (d\text{:圆柱体直径})$$

如图 4-8b 所示，纵波扩散波束在圆柱面上发生波型转换，即 $L \rightarrow S \rightarrow L$，成等腰三角形反射，其声程为：

$$x_2 = d\cos\alpha_L + \frac{1}{2}\frac{c_L}{c_s} d\cos\alpha_s \tag{4-16}$$

由 $\alpha_s = 90° - 2\alpha_L$ 和反射定律得：$\dfrac{\sin\alpha_L}{\sin\alpha_s} = \dfrac{\sin\alpha_L}{\cos 2\alpha_s} = \dfrac{c_L}{c_s}$　(4-17)

对于钢可求得　$\alpha_L = 35.6°$，$\alpha_s = 18.8°$

因此，

$$x_2 = d\cos 35.6° + \frac{1}{2} \times \frac{5\,900}{3\,230} \times d\cos 18.8° = 1.67d \tag{4-18}$$

由以上计算可知，两次三角反射波总是位于第一次底波 B_1 之后，而且位置特定，分别为 $1.3d$ 和 $1.67d$，而缺陷波一般位于 B_1 之前，因此三角反射波也不会干扰缺陷波的判别，如图 4-8c 所示。

4．探头杂波

当探头吸收不良时，会在始波后出现一些杂波。当斜探头有机玻璃斜楔设计不合理时，声波在有机玻璃内的反射回到晶片，也会引起一些杂波。还有双晶直探头检测厚壁工件时，由于入射角比较小，声波在延迟块内的多次反射也可能产生一些非缺陷信号，干扰缺陷回波的判别。

5．工件轮廓回波

当超声波射达工件的台阶、螺纹等轮廓时在示波屏上将引起一些轮廓回波，如图 4-9 所示。

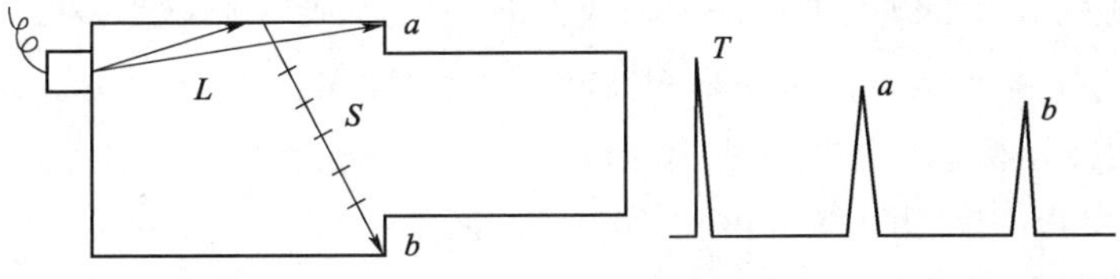

图 4-9　轮廓回波

6. 幻象波

超声检测中，当重复频率过高时，第一个同步脉冲回波尚未消失，第二个同步脉冲又重新扫描。这样在示波屏上会产生幻象波，影响缺陷波的判别。降低重复频率，幻象波消失。目前生产的新型超声检测仪，在设计时考虑了重复频率与工件厚度的关系，一般不会产生幻象波。

7. 侧壁干涉波

(1) 侧壁干涉对检测的影响

如图 4-10 所示，纵波直探头检测时，探头若靠近侧壁，则经侧壁反射的纵波或横波与直接传播的纵波相遇产生干涉，对检测带来不利影响。

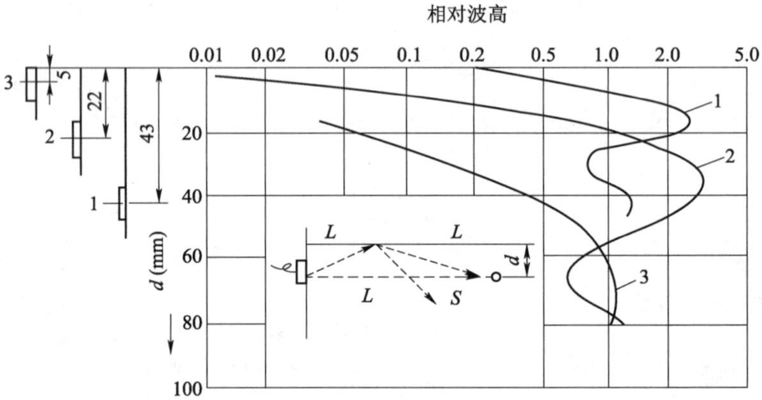

图 4-10 侧壁干涉对声场的影响

图 4—10 中曲线表示探头至侧壁三种不同距离时缺陷回波波高与至侧壁距离的关系。由图可以看出，对于靠近侧壁的缺陷，探头靠近侧壁正对缺陷检测，缺陷回波低，探头远离侧壁检测反而缺陷回波高。当缺陷的位置给定时，存在一个最佳的探头位置，使缺陷回波最高，这个最佳探头位置总是偏离缺陷。这说明由于侧壁干涉的影响，改变了探头的指向性，缺陷最高回波不在探头轴线上，这样不仅会影响缺陷定位，而且会影响缺陷定量。

(2) 避免侧壁干涉的条件

在脉冲反射法检测中，一般脉冲持续的时间所对应的声程不大于 4λ 。因此，只要侧壁反射波束与直接传播的波束声程差大于 4λ 就可以避免侧壁干涉。

1) 探头轴线上缺陷反射

如图 4-11a 所示，对于侧壁附近探头轴线上的小缺陷，避免侧壁干涉的条件为：

$$2W-a>4\lambda$$

式中：W——入射点至侧壁反射点的距离，mm；

a——缺陷至检测面的距离，mm；

λ——超声波波长，mm。

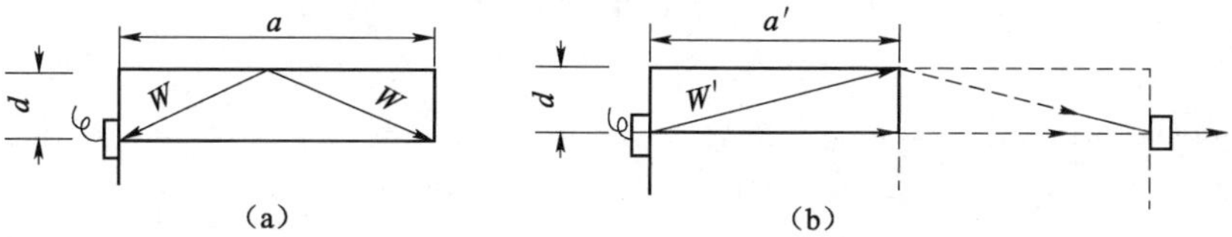

图 4-11　避免侧壁干涉的条件
(a) 缺陷;(b) 底波

由图 4-11a 和牛顿二项式得:

$$W=\sqrt{\frac{a^2}{4}+d^2}\approx\frac{a}{2}+\frac{d^2}{a}\qquad\left(\frac{d}{a}\ll 1\right)\tag{4-19}$$

$$2W-a\approx\frac{2d^2}{a}>4\lambda$$

因此,避免侧壁干涉的最小距离 $d_{\min}$ 为: $d_{\min}>\sqrt{2a\lambda}$

对于钢:

$$d_{\min}>\sqrt{2a\lambda}\approx 3.5\sqrt{\frac{a}{f}}\tag{4-20}$$

式中:a——缺陷至检测面的距离,mm;

λ——超声波波长,mm;

f——超声波频率,MHz。

2) 底面反射

如图 4-11b 所示,对于侧壁附近的底面反射,避免侧壁干涉的条件为: $2W'-2a'>4\lambda$

所以避免侧壁干涉的最小距离 $d_{\min}$ 为: $d_{\min}>2\sqrt{a'\lambda}$

对于钢: $d_{\min}>2\sqrt{a'\lambda}\approx 5\sqrt{\frac{a'}{f}}$　(4-21)

式中　a'——工件底面至检测面的距离,mm。

由上述公式可知,避免侧壁干涉的最小距离 $d_{\min}$ 与波长 λ 及距离 a 有关, λ 、a 增加, $d_{\min}$ 随之增加。

例 4-4　用 2.5P20Z 探头检测厚度为 500 mm 圆柱体,圆柱体中 c_L=5 900 m/s。试分别计算底面反射和轴线上缺陷反射时避免侧壁干涉的最小直径各为多少?

解:由已知得:f=2.5 MHz,a=500 mm

① 底面反射避免侧壁干涉的最小直径为

$$D_{\min}=2d_{\min}=10\sqrt{\frac{a}{f}}=10\sqrt{\frac{500}{2.5}}\approx 141\ (\text{mm})$$

② 轴线上缺陷反射避免侧壁干涉的最小直径为

$$D_{\min}=2d_{\min}=7\sqrt{\frac{a}{f}}=7\sqrt{\frac{500}{2.5}}\approx 99\ (\text{mm})$$

第三节　横波斜探头检测技术

一、探头入射点和折射角的测定

1. 斜探头入射点测量

斜探头入射点是指超声斜探头主声束轴线与检测面的交点。入射点至探头前沿的距离称为探头的前沿长度。测定探头的入射点和前沿长度是为了便于对缺陷进行定位和测定探头的折射角(或 K 值)。

测试方法:将探头放在CSK-ⅠA试块上,如图4-12所示。移动探头使R100圆弧回波幅度达到最高,此时探头底面与试块圆心的重合点就是探头的入射点,则探头的前沿长度为 l_0=R100-M。

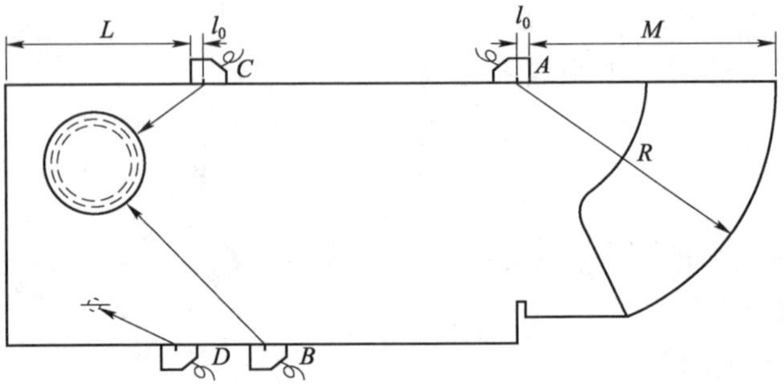

图4-12　入射点与 K 值测定

2. 斜探头角度(K 值)测量

斜探头的折射角是指超声声束进入被检工件后在被检工件中传播的角度。斜探头的折射角通常利用 CSK-ⅠA 试块上 ϕ50 mm 有机玻璃圆弧面或 ϕ1.5 mm 横孔来测定。当探头位于图4-12位置 B 时,可测定的角度范围为35°~60°;探头位于图4-12位置 C 时,可测定的角度范围为60°~75°,当探头位于图4-12位置 D 时,可测定的角度范围为75°~80°。以位置 C 为例说明探头折射角的测试方法。探头对准标准试块上 ϕ50 mm 有机玻璃圆弧面,找到最高回波,并测得探头前沿至试块端部的距离 L,则有:

$$K = \mathrm{tg}\beta = \frac{L + l_0 - 35}{30} \tag{4-22}$$

公式中的 β 就是探头的角度。

二、扫描速度的调节

横波检测时,缺陷位置可由折射角 β 和声程 x 来确定,也可由缺陷的水平距离 l 和深度 d 来确定。

一般横波扫描速度的调节方法有三种:声程调节法、水平调节法和深度调节法。

1. 声程调节法

声程调节法是使示波屏上的水平刻度值 τ 与横波声程 x 成比例,即 $\tau:x=l:n$。这时仪器示波屏上直接显示横波声程。按声程调节横波扫描速度可在 CSK-ⅠA 试块或工件上进行。

2. 水平调节法

水平调节法是指示波屏上水平刻度值 τ 与反射体的水平距离 l 成比例，即 $\tau:l=l:n$。这时示波屏水平刻度值直接显示反射体的水平投影距离（简称水平距离），多用于薄板工件焊缝横波检测。

（1）采用 CSK-ⅠA 试块进行扫描线的调节方法

1）将仪器深度范围旋钮放在 50 mm 处，使用脉冲移位旋钮将始波放在示波屏"0"格处；

2）测量探头的入射点和角度；

3）根据探头角度计算 CSK-ⅠA 试块上 R50 以及 R100 圆弧对应的水平距离值 L50、L100；

4）探头对准 CSK-ⅠA 试块上 R50 和 R100 圆弧，见图 4-13 所示，使两圆弧回波同时达最高；

5）调整仪器，使 R50 和 R100 圆弧的反射波分别对应扫描刻度线 L50、L100 对应的值。

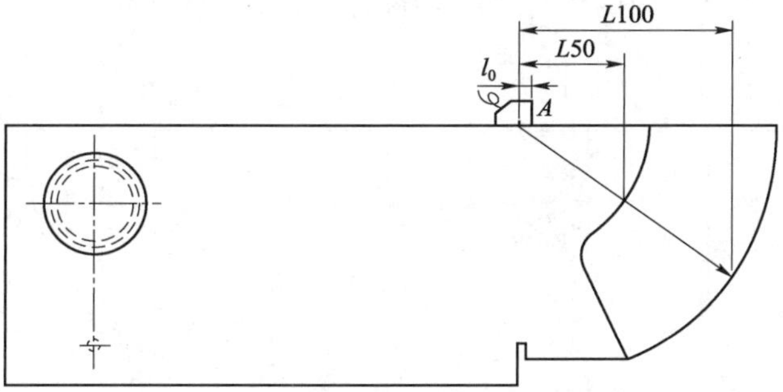

图 4-13　CSK-ⅠA 试块扫描线水平调节方法

（2）采用 CSK-ⅡA-1 试块进行扫描线的调节方法

1）将仪器深度范围旋钮放在 50 mm 处，使用脉冲移位旋钮将始波放在示波屏"0"格处；

2）探头对准 20 mm 深横孔，找出横孔的最高反射波，计算并测量出水平距离 L_1，调节深度细调旋钮使得此反射波对应示波屏水平刻度 L_1，并做好标记（见图 4-14）。

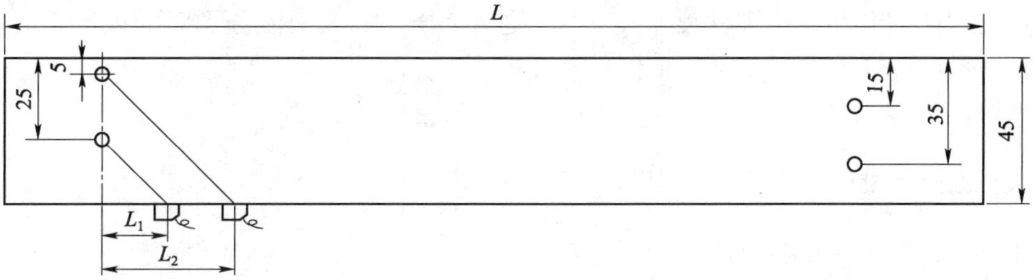

图 4-14　CSK-ⅡA-1 试块扫描线水平调节方法

3）将探头对准 40 mm 深横孔，找出横孔的最高反射波，计算并测量出水平距离 L_2。若此横孔的对应的示波屏水平位置 Y 与 L_2 不符，应算出两者的差值 x（$x=L_2-Y$）。若 x 为正值，应将 40 mm 深横孔波向大读数移动，因为 40 mm 深横孔与 20 mm 深横孔的深度比为 2，所以将 40 mm 深横孔波读数调到 $Y+2x$：若 x 为负值，应该将 40 mm 深横孔波读数调到 $Y-2x$。然后调节脉冲移位旋钮将 40 mm 深横孔波调到 L_2。

4）利用深度细调旋钮和脉冲位移旋钮，反复调节试块上 20 mm 深横孔和 40 mm 深横孔，直至 20 mm 深横孔回波正对仪器示波屏读数 L_1，40 mm 深横孔回波正对仪器示波屏读数 L_2，至此扫描线水平 1:1 调节设置完毕。

3. 深度调节法

深度调节法是使示波屏上的水平刻度值 τ 与反射体深度 d 成比例，即 $\tau:d=l:n$，这时示波屏水平刻度值直接显示深度距离。常用于较厚工件焊缝的横波检测。

（1）采用 CSK-ⅠA 试块进行扫描线的调节方法

1）将仪器深度范围旋钮放在 50 mm 处，使用脉冲移位旋钮将始波放在示波屏“0”格处；

2）测量探头的入射点和角度；

3）根据探头角度计算 CSK-ⅠA 试块上 R50 以及 R100 圆弧对应的深度值 D50、D100；

4）探头对准 CSK-ⅠA 试块上 R50 和 R100 圆弧，见图 4-15，使两圆弧回波同时达最高；

5）反复调节深度细调和脉冲移位旋钮，使得 R50 和 R100 圆弧的反射波分别对应仪器示波屏刻度线 D50、D100 对应的值，至此即为扫描线深度 1:1 调节。

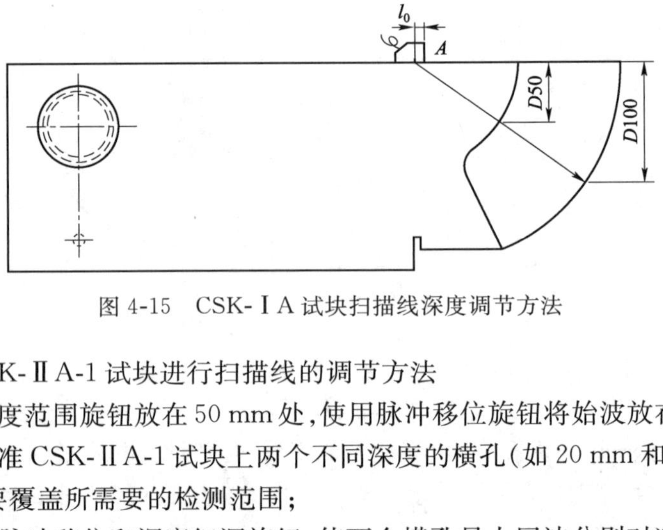

图 4-15 CSK-ⅠA 试块扫描线深度调节方法

（2）采用 CSK-ⅡA-1 试块进行扫描线的调节方法

1）将仪器深度范围旋钮放在 50 mm 处，使用脉冲移位旋钮将始波放在示波屏“0”格处；

2）将探头对准 CSK-ⅡA-1 试块上两个不同深度的横孔（如 20 mm 和 40 mm）。两个横孔的选择通常需要覆盖所需要的检测范围；

3）反复调节脉冲移位和深度细调旋钮，使两个横孔最大回波分别对准仪器示波屏对应位置（如仪器示波屏水平刻度 20 和 40），至此即为扫描线深度 1:1 调节。

三、距离—波幅曲线的制作

缺陷波高与缺陷大小及距离有关，大小相同的缺陷由于距离的不同，回波高度也不相同。距离—波幅曲线（DAC 曲线）就是描述某一确定反射体回波高度随距离变化的关系曲线。

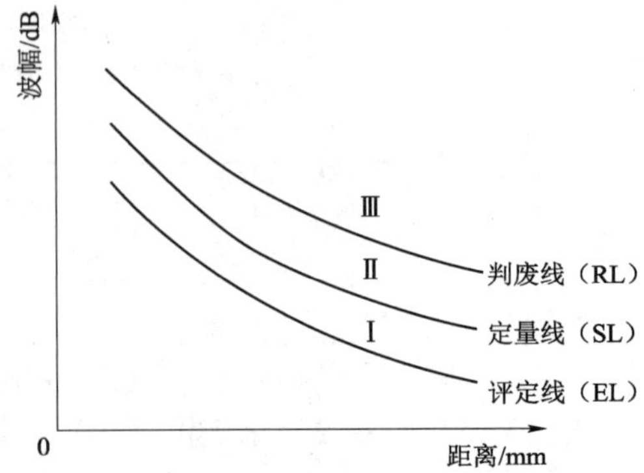

图 4-16 距离—波幅曲线示意图

该曲线由评定线（EL）、定量线（SL）和判废线（RL）组成，如图 4-16 所示。评定线和定量线之间的区域（包括评定线）称为Ⅰ区，定量线与判废线之间的区域(包括定量线)称为Ⅱ区,判废线及其以上区域称为Ⅲ区。

采用 CSK-ⅡA 试块时,不同板厚范围的距离—波幅曲线的灵敏度见表 4-1。

表 4-1　距离—波幅曲线的灵敏度

试块型式	工件厚度 t(mm)	评定线	定量线	判废线
CSK-ⅡA	≥6～40	ϕ2×40-18 dB	ϕ2×40-12 dB	ϕ2×40-4 dB
	>40～100	ϕ2×60-14 dB	ϕ2×60-8 dB	ϕ2×60+2 dB
	>100～200	ϕ2×60-10 dB	ϕ2×60-4 dB	ϕ2×60+6 dB

将距离—波幅曲线绘制在超声检测仪的示波屏面板上,则称为面板曲线。实际检测过程中,使用距离—波幅曲线比较麻烦,而面板曲线使用比较方便,可根据缺陷波高直接确定缺陷的当量大小和区域。

例 4-5　30 mm 厚的平板对接焊缝面板曲线绘制过程。

① 根据板厚按深度调节好仪器时基线。

② 将探头对准 CSK-ⅡA-1 试块上深度为 5 mm 的ϕ2×40 mm 横孔,前后左右移动探头并找到横孔最高回波,调至满屏高度的 80%,在面板上标记波峰对应的点。

③ 增益不变,分别检测深度为 15 mm、25 mm、35 mm、45 mm 和 55 mm 的ϕ2×40 mm 横孔,并调节探头找到以上横孔的最高回波,在面板上分别标记各波峰对应的点。

④ 将所有点用光滑曲线连接起来,就得到一条ϕ2×40 mm 的参考线即 DAC 面板曲线。

根据工件厚度,选择提高或降低一定的增益则可获得相应的评定线、定量线和判废线。

注意:当面板曲线某点回波高度低于满屏高度 20%时,则该点及其以后的各点均需提高一定的增益以制作分段 DAC 曲线。

四、扫查

横波斜探头扫查时,扫查速度和扫查间距的要求与纵波检测时相似。不仅要考虑探头相对于工件的移动方向、移动轨迹,还要考虑探头的朝向。声束方向是根据拟检测缺陷的取向确定的,声束方向确定之后,探头移动就有了前后左右之分。通常前后左右扫查用于发现缺陷的存在,寻找缺陷的最大峰值,左右扫查可用于缺陷横向长度的测定,转动扫查和环绕扫查则为了确定缺陷的形状。

根据基本扫查方式的不同组合,扫查方式可分为两大类:锯齿形扫查和栅格扫查。前者适用于手工检测,而后者主要适用于自动检测。

五、缺陷定位

1. 平面工件的缺陷定位

横波斜探头检测平面时,波束轴线在检测面处发生折射,工件中缺陷的位置由探头的折射角和声程确定或由缺陷的水平和垂直方向的投影来确定。由于横波扫描速度可按声程、水平、深度来调节,因此缺陷定位的方法也不一样。

(1) 按声程调节扫描速度仪器按声程 $l:n$ 调节横波扫描速度。缺陷波水平刻度为 τ_f。

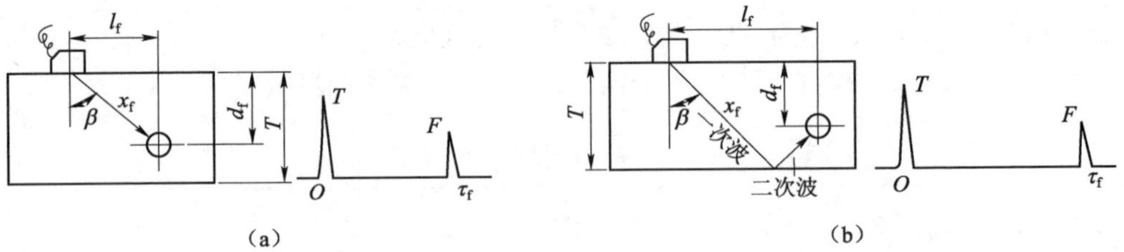

图 4-17 横波检测缺陷定位

(a) 一次波;(b) 二次波

一次波检测时,如图 4-17a 所示,缺陷至入射点的声程 $x_f=n\tau_f$。如果忽略横孔直径,则缺陷在工件中的水平距离 l_f 和深度 d_f 为:

$$\begin{cases} l_f = x_f \sin\beta = n\tau_f \sin\beta \\ d_f = x_f \cos\beta = n\tau_f \cos\beta \end{cases} \tag{4-23}$$

二次波检测时,如图 4-17b 所示,缺陷至入射点的声程 $x_f=n\tau_f$,则缺陷在工件中的水平距离 l_f 和深度 d_f 为:

$$\begin{cases} l_f = x_f \sin\beta = n\tau_f \sin\beta \\ d_f = 2T - x_f \cos\beta = 2T - n\tau_f \cos\beta \end{cases} \tag{4-24}$$

式中:T——工件厚度,mm;

β——探头横波折射角。

(2) 按水平调节扫描速度

仪器按水平距离 l:n 调节横波扫描速度,缺陷波的水平刻度值为 τ_f,采用 K 值探头检测。

一次波检测时,缺陷在工件中的水平距离 l_f 和深度 d_f 为:

$$\begin{cases} l_f = n\tau_f \\ d_f = \dfrac{l_f}{K} = \dfrac{n\tau_f}{K} \end{cases} \tag{4-25}$$

二次波检测时,缺陷波在工件中的水平距离 l_f 和深度 d_f 为:

$$\begin{cases} l_f = n\tau_f \\ d_f = 2T - \dfrac{l_f}{K} = 2T - \dfrac{n\tau_f}{K} \end{cases} \tag{4-26}$$

例 4-6 用 $K2$ 横波斜探头检测厚度 $T=15$ mm 的钢板焊缝;仪器按水平 1:1 调节横波扫描速度,检测中在水平刻度 $\tau_f=45$ 处出现一缺陷波,求此缺陷的位置。

解:由于 $KT=2\times15=30$,$2KT=60$,$KT<\tau_f=45<2KT$,因此可判定此缺陷是二次波发现的。那么缺陷在工件中的水平距离 l_f 和深度 d_f 为:

$$l_f=n\tau_f=1\times45=45(\text{mm})$$

$$d_f=2T-(l_f/K)=2\times15-(45/2)=7.5(\text{mm})$$

(3) 按深度调节扫描速度

仪器按深度 l:n 调节横波扫描速度,缺陷波的水平刻度值为 τ_f。一次波检测时,缺陷在工件中的水平距离 l_f 和深度 d_f 为:

$$\begin{cases} l_f = Kn\tau_f \\ d_f = n\tau_f \end{cases} \tag{4-27}$$

二次波检测时，缺陷在工件中的水平距离 l_f 和深度 d_f 为：

$$\begin{cases} l_f = Kn\tau_f \\ d_f = 2T - n\tau_f \end{cases} \tag{4-28}$$

例 4-7　用 $K1.5$ 横波斜探头检测厚度 $T=30$ mm 的钢板焊缝，仪器按深度 1:1 调节横波扫描速度，检测中在水平刻度 $\tau_f=40$ 处出现一缺陷波，求此缺陷位置。

解：由于 $T<\tau_f<2T$，因此可以判定此缺陷是二次波发现的。缺陷在工件中的水平距离 l_f 和深度 d_f 为：

$$l_f = Kn\tau_f = 1.5\times1\times40 = 60(\text{mm})$$

$$d_f = 2T - n\tau_f = 2\times30 - 1\times40 = 20(\text{mm})$$

2. 圆柱曲面工件的缺陷定位

当横波检测圆柱面时，若沿轴向检测，缺陷定位与平面相同；若沿周向检测，缺陷定位则与平面不同。下面分外圆和内壁检测两种情况加以讨论。

(1) 外圆周向检测

如图 4-18 所示，外圆周向检测圆柱曲面时，缺陷的位置由深度 H 和弧长 $\widehat{L}$ 来确定，显然 H、$\widehat{L}$ 与平面工件中缺陷的深度 d 和水平距离 l 是有较大差别的。

图 4–18 中：$AC=d$（平面工件中缺陷深度）

$BC=d\text{tg}\beta=Kd=l$（平面工件中缺陷水平距离）

$$AO=R,\ CO=R-d$$

$$\tan\theta = \frac{BC}{OC} = \frac{Kd}{R-d},\ \theta = \arctan\frac{Kd}{R-d}$$

$$BO = \sqrt{(Kd)^2 + (R-d)^2}$$

从而可得：
$$\begin{cases} H = OD - OB = R - \sqrt{(Kd)^2 + (R-d)^2} \\ \widehat{L} = \dfrac{R\pi\theta}{180} = \dfrac{R\pi}{180}\arctan\dfrac{Kd}{R-d} \end{cases} \tag{4-29}$$

当探头从圆柱曲面外壁作周向检测时，弧长 $\widehat{L}$ 总比水平距离 l 值大，但深度 H 却总比 d 值小，而且差值随 d 值增加而增大。

(2) 内壁周向检测

内壁周向检测圆柱曲面时（如图 4-19 所示），缺陷的位置由深度 h 和弧长 $\widehat{l}$ 来确定，这里的 h 和 $\widehat{l}$ 与平面工件中缺陷深度 d 和水平距离 l 是有较大差别的。

$AC=d$（平面工件中缺陷的深度），

$BC=d\text{tg}\beta=Kd=l$（平面工件中缺陷的水平距离）

$$\tan\theta = \frac{BC}{OC} = \frac{Kd}{r+d},\ \theta = \arctan\frac{Kd}{r+d}$$ 从而可得：

$$BO = \sqrt{(Kd)^2 + (r+d)^2}$$

$$\begin{cases} H = OB - OD = \sqrt{(Kd)^2 + (R+d)^2} - r \\ \widehat{l} = \dfrac{r\pi\theta}{180} = \dfrac{R\pi}{180}\arctan\dfrac{Kd}{R+d} \end{cases} \tag{4-30}$$

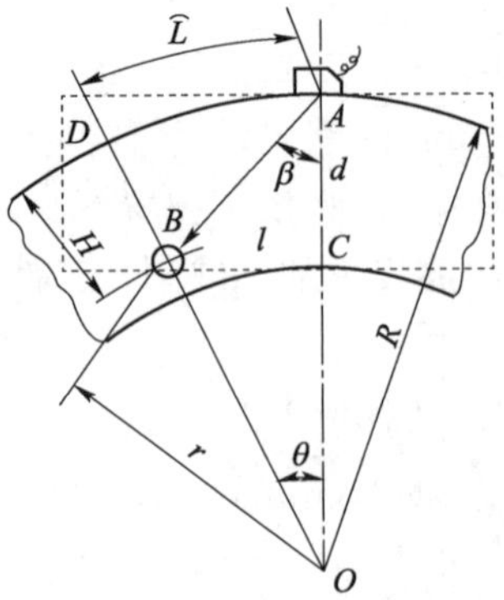

图 4-18 外圆周向检测定位法

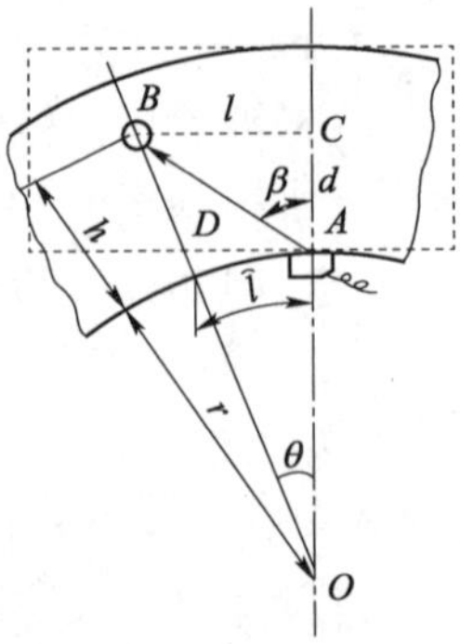

图 4-19 内壁周向检测定位法

当探头从圆柱曲面内壁作周向检测时，弧长 $\widehat{l}$ 总比水平距离 l 值小，但深度 H 却总比 d 值大。

3. 最大检测壁厚

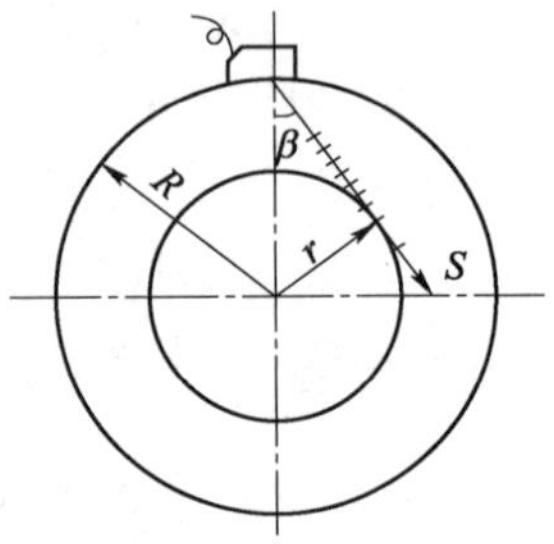

图 4-20 斜探头 K 值范围确定

当用横波外圆周向检测筒体工件时(如图 4-20 所示)，对应于每一个确定的 K 值探头，都有一个对应的最大检测厚度。当波束轴线与筒体内壁相切时，对应的壁厚为最大检测厚度 T_m。当工件厚度大于 T_m 时，超声波束轴线将扫查不到内壁。

不同 K 值探头最大检测壁厚 T_m 与工件外径 D 之比 T_m/D 可由下述方法导出。

$$\begin{cases}\sin\beta=\dfrac{r}{R}=\dfrac{R-T_m}{R}=1-\dfrac{2T_m}{D}\\\dfrac{T_m}{D}\leqslant\dfrac{1}{2}(1-\sin\beta)=\dfrac{1}{2}\left(1-\dfrac{K}{\sqrt{1+K^2}}\right)\end{cases}\tag{4-31}$$

式中：T_m——可检测的最大壁厚，mm；

D——工件外径，mm；

K——探头的 K 值，$K=\mathrm{tg}\beta$。

计算出不同 K 值探头对应的 T_m/D 列于表 4-2。

表 4-2 不同 K 值(β)对应的 T_m/D 的范围

K	0.65	0.70	0.8	1.0	1.5	2.0	2.5	3.0	3.5
β	33.2°	35°	38.7°	45°	56.3°	63.4°	68.2°	71.5°	74°
r/R	0.547 6	0.572 6	0.625 2	0.707 1	0.832 0	0.894 2	0.828 5	0.948 7	0.961 3
T_m/D	0.226 2	0.212 3	0.187 4	0.146 5	0.084 0	0.052 9	0.035 8	0.026 5	0.019 4

由上表可知，探头的 K 值越小，可检测的最大壁厚就越大，K 值越大，可检测的最大壁厚就越小。当 K 值取最小值时，对应的可检测壁厚最大。从理论上讲，$\beta=33.2°$，$K=0.65$ 时，

可检测的壁厚最大为 $T_m/D=0.2262$，$r/R=0.5476$。但出于这时的横波声压往复透射率低，容易漏检，因此，实际检测中 K 值往往选得大一些。例如我国一般的焊缝超声检测标准都规定 K 值最小为 1.0。当 $K=1.0$ 时，可检测的最大壁厚与外径之比 $T_m/D=0.1465$，内外半径之比 $r/R=0.7071$。但由于随着 r/R 接近临界值，将会产生表面波，使声程偏差急剧增大。考虑到缺陷定位、定量的准确性，故一般把筒体可检测的内外半径范围定为 $r/R\geqslant 70\%$。

六、缺陷定量

横波斜探头法对缺陷的定量包括缺陷回波幅度和指示长度两个参数。

回波幅度依据的是规则反射体的回波幅度与缺陷尺寸的关系，常用实测距离—波幅曲线进行评定。

1. 缺陷指示长度测定

缺陷指示长度是缺陷评定的重要指标，同纵波直探头检测技术，其测长方法也有相对灵敏度法、绝对灵敏度法和端点峰值法。

2. 缺陷自身高度测定

设备的安全可靠性除与缺陷长度有关外，还与缺陷自身高度有关。在设备失效模式中，缺陷高度比长度更为重要。自身高度测定方法有端点衍射波法。

端点衍射波法是我国发展的一种较精确测定缺陷自身高度的方法。研究表明，选取 $K=1$、2.5～5 MHz 的探头可以取得较好的效果，为便于发现和利用衍射信号，聚焦探头更为适宜。

端点衍射波法主要根据缺陷端点反射波来辨认衍射回波，并通过缺陷两端点衍射回波之间的延迟时间差值来确定缺陷自身高度，如图 4-21 所示。

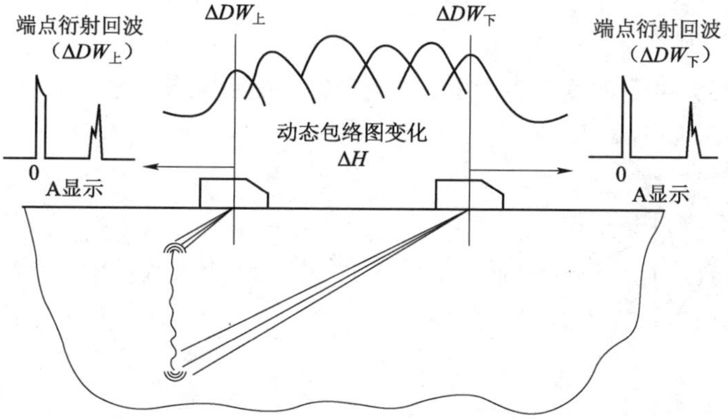

图 4-21　端点衍射回波法测缺陷自身高度

七、非缺陷回波的判别

与纵波直探头一样，横波斜探头也会产生一些非缺陷回波，而且比纵波检测还要多。

1. 工件轮廓回波

当超声波射达工件的台阶、螺纹等轮廓时在示波屏上将引起一些轮廓回波，如图 4-22 所示。条件允许时可用手指沾油触摸法来鉴别工件轮廓回波。

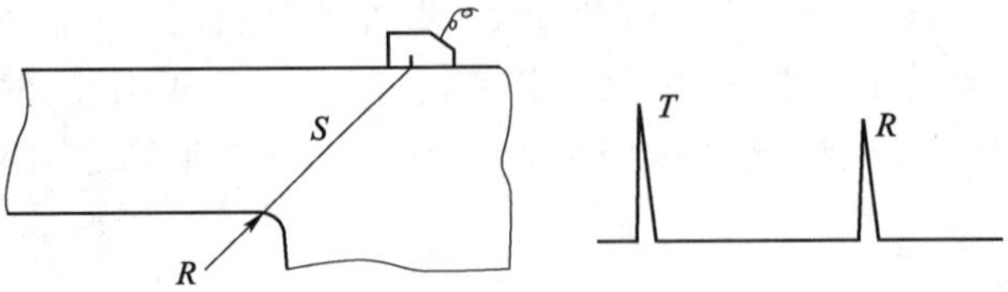

图 4-22 轮廓回波

2. 探头杂波

当探头吸收块吸收不良时，会在始波后出现一些杂波。当斜探头有机玻璃斜楔设计不合理时，声波在有机玻璃内的反射回到晶片，也会引起一些杂波。可以采用更换探头的方法来鉴别探头杂波。

3. 表面波

斜探头产生的表面波在表面传播时，遇到拐角处或表面凹坑就会产生反射。用手指按探头前面的工件表面，可看出信号幅度的变化。

4. 幻象波

当重复频率过高时，在示波屏上产生幻象波，影响缺陷波的判别。降低重复频率，幻象波消失。

5. 草状回波

超声检测中，当选用较高的频率检测晶粒较粗大的工件时。声波在粗大晶粒之间的界面上会产生散乱反射，在示波屏上形成草状回波(又叫林状回波)，严重影响对缺陷波的判别。降低探头频率，会降低草状回波，提高信噪比。

6. 焊缝中的变型波

声束入射到探头对侧焊缝下表面，当焊缝下表面的形状使焊缝中既出现反射横波 S'，也有变型反射纵波 L'，如图 4-23 所示。

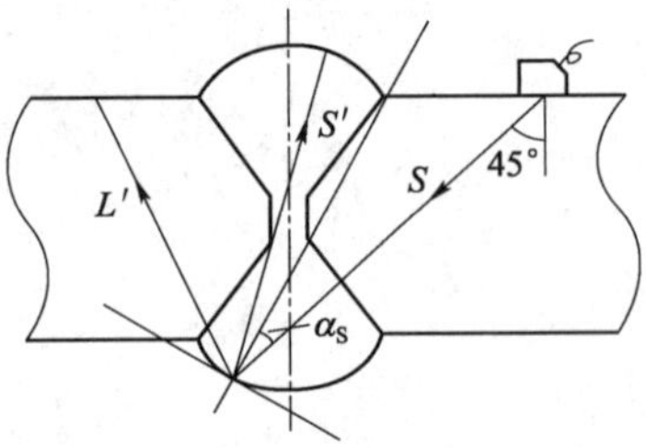

图 4-23 声束入射到焊缝对侧下表面

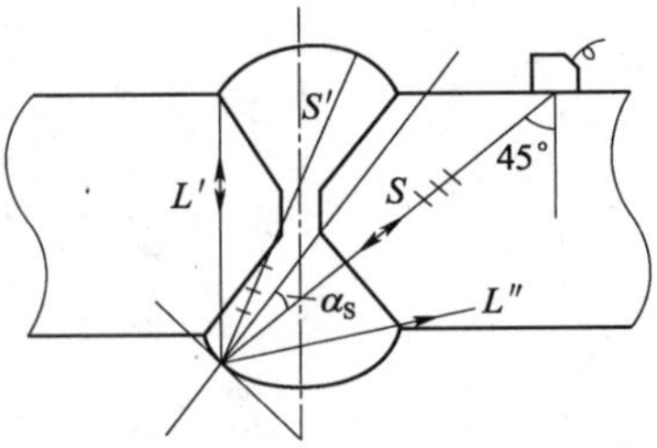

图 4-24 变型波的产生示意图

焊缝中产生变型反射纵波后，不一定能在显示屏上显示出来，只有当纵波垂直入射至焊缝上表面某些特殊位置(如打磨圆滑的熔合线处、自动焊余高两边曲率最大处或近焊缝母材上的焊疤处等)时，再垂直反射，沿原路径返回倾斜入射至下表面，再进行一次波型转换，产生反射纵波和变型反射横波后，才能在显示屏上显示出来。其中的变型反射横波沿原路径返回探头，被探头接收，显示在显示屏上，这就是通常所说的变型波，如图 4-24 和图 4-25 所示。

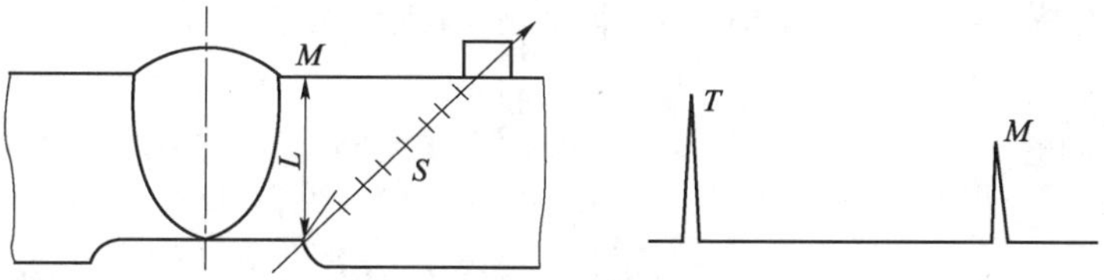

图 4-25　横波检测时产生的变型波

7. "山"形波

当变型纵波 L' 垂直入射至焊缝上表面的某些部位时，其回波会被探头接收；同时，若反射横波 S' 也垂直入射至焊缝上表面的某些部位，其回波也同时被探头接收；再加上一次底波 B_1，这样，显示屏上就会同时显示三个波，其形状像"山"字，俗称"山"形波，如图 4-26 所示。

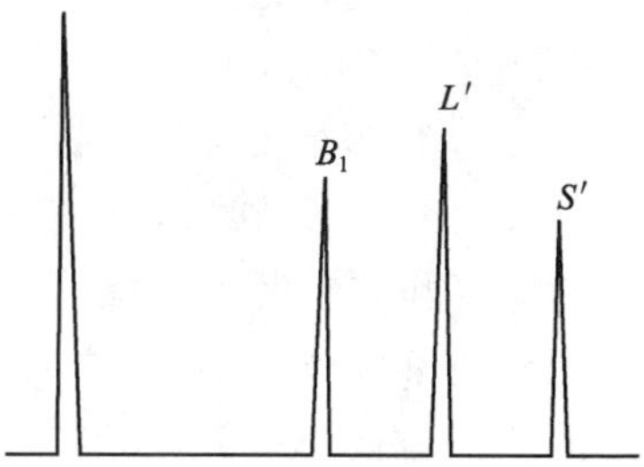

图 4-26　"山"形波

总之，在检测过程中可能出现各种各样的非缺陷回波，干扰对缺陷波的判别。检测人员应注意应用超声波反射、折射和波型转换理论，并计算相应回波的声程来分析判别示波屏上可能出现的各种非缺陷回波，从而达到正确检测的目的。

第四节　影响缺陷定位、定量的主要因素

超声检测是根据荧光屏上缺陷波的位置和高度来评价被检工件中缺陷的位置和大小，然而影响缺陷波位置和高度的因素很多。了解这些影响因素，对于提高定位、定量精度是十分有益的。

一、影响缺陷定位的主要因素

1. 仪器的影响

(1) 仪器水平线性：当仪器水平线性不佳时，缺陷定位误差大。

(2) 仪器水平刻度精度：仪器时基线比例是根据示波屏上水平刻度值来调节的，当仪器水平刻度不准时，缺陷定位误差增大。

2. 探头的影响

(1) 声束偏离　无论是垂直入射还是倾斜入射检测，都假定波束轴线与探头晶片几何中心重合，而实际上这两者往往难以重合。当实际声束轴线偏离探头几何中心轴线较大时，缺陷定位精度定会下降。

(2) 探头双峰　一般探头发射的声场只有一个主声束。远场区轴线上声压最高。若探头性能不佳，存在两个主声束。发现缺陷时，不能判定是哪个主声束发现的，因此也就难以确定缺陷的实际位置。

(3) 斜楔磨损 横波探头在检测过程中,斜楔将会磨损。当操作者用力不均时,探头斜楔前后磨损不同。当斜楔后面磨损较大时,折射角增大,探头 K 值增大。当斜楔前面磨损较大时,折射角减小,K 值也减小。此外,探头磨损还会使探头入射点发生变化,影响缺陷定位。

(4) 探头指向性 探头半扩散角小,指向性好,缺陷定位误差小,反之定位误差大。

3. 工件的影响

(1) 工件表面粗糙度 工件表面粗糙,不仅耦合不良,而且由于表面凹凸不平,使声波进入工件的时间产生差异。当凹槽深度为 $\lambda/2$ 时,则进入工件的声波相位正好相反。这样就犹如一个正负交替变化的次声源作用在工件上,使进入工件的声波互相干涉形成分叉,从而使缺陷定位困难。

(2) 工件材质 工作材质对缺陷定位的影响可从声速和内应力两方面来讨论。当工件与试块的声速不同时,就会使探头的 K 值发生变化。另外,工件内应力较大时,将使声波的传播速度和方向发生变化。当应力方向与波的传播方向一致时,若应力为压缩应力,则应力作用会使工件弹性增加,这时声速加快。反之,若应力为拉伸应力,则声速减慢。当应力与波的传播方向不一致时,波动过程中质点振动轨迹将受应力干扰,使波的传播方向产生偏离,影响缺陷定位。

(3) 工件表面形状 检测曲面工件时,探头与工件接触有两种情况。一种是平面与曲面接触,这时为点或线接触,握持不当,探头折射角容易发生变化。另一种是将探头斜楔磨成曲面。探头与工件曲面接触,这时折射角和声束形状将发生变化,影响缺陷定位。

(4) 工件边界 当缺陷靠近工件边界时,由于侧壁反射波与直接入射波在缺陷处产生干涉,使声场声压分布发生变化,声束轴线发生偏离,使缺陷定位误差增加。

(5) 工件温度 探头的 K 值一般是在室温下测定的。当检测的工件温度发生变化时,工件中的声速发生变化,探头的折射角也随之发生变化。

(6) 工件中缺陷情况 工件内缺陷方向也会影响缺陷定位。缺陷倾斜时,扩散波束入射至缺陷时回波较高,而定位时误认为缺陷在轴线上,从而导致定位不准。

4. 操作人员的影响

(1) 仪器时基线比例调节 仪器时基线比例一般在试块上调节。当工件与试块的声速不同时,仪器的时基线比例发生变化。影响缺陷定位精度。

另外,调节比例时,若回波前沿没有对准相应水平刻度或读数不准。也会使缺陷定位误差增加。

(2) 入射点、K 值测定 横波检测时,当测定探头的入射点、K 值误差较大时,会影响缺陷定位。

(3) 定位方法不当 横波周向检测圆筒形工件时,缺陷定位与平面不同,若仍按平面工件处理,那么定位误差将会增加。

二、影响缺陷定量的主要因素

1. 仪器及探头性能的影响

仪器和探头性能的优劣,对缺陷定量精度影响很大。仪器的垂直线性、衰减器精度、频率、探头形式、晶片尺寸、折射角大小等都直接影响回波高度。因此,在检测时,除了要选择垂直线性好、衰减器精度高的仪器外，还要注意频率、探头形式、晶片尺寸和折射角的选择等参数。

(1) 频率的影响　由大平底与平底孔回波高度的分贝差公式可知，随频率增加，分贝差减少，频率减少，分贝差增加。因此，频率偏差不仅影响底波调节灵敏度法，而且影响用当量计算法对缺陷定量。

(2) 衰减器精度和垂直线性的影响　超声检测仪是根据相对波高来对缺陷定量的。而相对波高常用衰减器来度量。因此衰减器精度直接影响缺陷定量，衰减器精度低定量误差大。

(3) 探头形式和晶片尺寸的影响　不同部位不同方向的缺陷，应采用不同形式的探头。如锻件、钢板中的缺陷大多平行于检测面，宜采用纵波直探头。焊缝中危险性大的缺陷大多垂直于检测面，宜采用横波探头。对于工件表面缺陷，宜采用表面波探头。对于近表面缺陷，宜采用分割式双晶探头。这样定量误差小。

晶片尺寸影响近场区长度和波束指向性，因此对定量也有一定的影响。

(4) 探头 K 值的影响　超声波倾斜入射时。声压往复透射率与入射角有关。对于横波斜探头而言，不同 K 值的探头的灵敏度不同。因此探头 K 值的偏差也会影响缺陷定量。特别是横波检测平板对接焊缝根部未焊透等缺陷时，不同 K 值探头检测同一根部缺陷，其回波高相差较大，当 $K=0.7 \sim 1.5(\beta_s=35° \sim 55°)$时，回波较高，当 $K=1.5 \sim 2.0(\beta_s=55° \sim 63°)$时，回波很低，容易引起漏检。

2. 耦合与衰减的影响

(1) 耦合的影响　超声波检测中，耦合剂的声阻抗和耦合层厚度对回波高度有较大的影响。

当耦合层厚度等于 $\lambda/2$ 的整数倍时，声强透射率与耦合剂性质无关。当耦合层厚度等于 $\lambda/4$ 的奇数倍，声阻抗为两侧介质声阻抗的几何平均值($Z_2=\sqrt{Z_1Z_3}$)时，超声波全透射。因此，实际检测中耦合剂的声阻抗.对探头施加的压力大小都会影响缺陷回波高度，进而影响缺陷定量。

此外，当探头与试块和被检工件表面耦合状态不同时，而又没有进行适当的补偿，也会使定量误差增加，精度下降。

(2) 衰减的影响　实际工件是存在介质衰减的，由介质衰减引起的分贝差$\Delta=2\alpha x$ 可知，当衰减系数 α 较大或距离 x 较大时，由此引起的衰减也较大。这时如果仍不考虑介质衰减的影响，那么定量精度势必受到影响。因此在检测晶粒较粗大和大型工件时，应测定材质的衰减系数 α，并在定量计算时考虑介质衰减的影响，以便减少定量误差。

3. 试件几何形状和尺寸的影响

试件底面形状不同，回波高度也就不同，凸曲面使反射波发散，回波降低；凹曲面使反射波聚焦，回波升高。对于圆柱体而言，外圆径向检测实心圆柱体时，入射点处的回波声压理论上同平底面试件。但实际上由于圆柱面耦合不及平面，因而其回波低于平底面。实际检测中应综合考虑以上因素对定量的影响，否则会使定量误差增加。

试件底面与检测面的平行度以及底面的粗糙度、干净程度也对缺陷定量有较大的影响。当试件底面与检测面不平行、底面粗糙或沾有水迹、油污时，将会使底波下降，这样利用底波调节的灵敏度将会偏高，缺陷定量误差增加。

当检测工件侧壁附近的缺陷时，由于侧壁干涉的结果会使定量不准，误差增加。检测侧壁附近的缺陷，靠近侧壁检测回波低，远离侧壁检测反而回波高。为了减少侧壁的影响，宜选用频率高、晶片直径大的指向性好的探头检测或横波法检测。必要时还可采用试块比较法来定量，以便提高定量精度。

试件尺寸的大小对定量也有一定的影响。当试件尺寸较小.缺陷位于 $3N$ 以内时，利用底波调灵敏度并定量，将会使定量误差增加。

4. 缺陷的影响

(1) 缺陷形状的影响　工件中实际缺陷的形状是多种多样的，缺陷的形状对其回波波高有很大影响。平面形缺陷波高与缺陷面积成正比，与波长的平方和距离的平方成反比；球形缺陷波高与缺陷直径成正比，与波长的一次方和距离的平方成反比；长圆柱形缺陷波高和缺陷直径的 1/2 次方成正比，与波长的一次方和距离的 3/2 次方成反比。

对于点状缺陷，当尺寸很小时，缺陷形状对波高的影响就变得很小。当点状缺陷直径远小于波长时，缺陷波高正比于缺陷平均直径的三次方，即随缺陷大小的变化十分急剧。缺陷变小时，波高急剧下降，很容易下降到检测仪不能发现的程度。

(2) 缺陷方位的影响　前面谈到的情况都是假定超声波入射方向与缺陷表面是垂直的，但实际缺陷表面相对于超声波入射方向往往不垂直。因此对缺陷尺寸估计偏小的可能性很大。

声波垂直缺陷表面时缺陷波最高。当有倾角时，缺陷波高随入射角的增大而急剧下降。

(3) 缺陷波的指向性

缺陷波高与缺陷波的指向性有关，缺陷波的指向性与缺陷大小有关，而且差别较大。

垂直入射于圆平面形缺陷时，当缺陷直径为波长的 2～3 倍以上时，具有较好的指向性，缺陷回波较高。

当缺陷直径低于上述值时，缺陷波指向性变差，缺陷回波降低。

当缺陷直径大于波长的 3 倍时，不论是垂直入射还是倾斜入射，都可把缺陷对声波的反射看成是镜面反射。当缺陷直径小于波长的 3 倍时，缺陷反射不能看成镜面反射，这时缺陷波能量呈球形分布。垂直入射和倾斜入射都有大致相同的反射指向性。表面光滑与否，对反射波指向性已无影响。因此，检测时倾斜入射也可能发现这种缺陷。

(4) 缺陷表面粗糙度的影响

缺陷表面光滑与否，可用波长衡量。如果表面凹凸不平的高度差小于 1/3 波长，就可认为该表面是平滑的，这样的表面反射类似镜面反射。否则就是粗糙表面。

对于表面粗糙的缺陷，当声波垂直入射时，声波散乱反射，同时各部分反射波由于有相位差而产生干涉，使缺陷回波波高随粗糙度的增大而下降。当声波倾斜入射时，缺陷回波波高随着凹凸程度与波长的比值增大而增高。当凹凸程度接近波长时，即使入射角较大，也能接触到回波。

(5) 缺陷性质的影响

缺陷回波波高受缺陷性质的影响。声波在界面的反射率是由界面两边介质的声阻抗决定的。当两边声阻抗差异较大时，近似地可认为是全反射，反射声波强。当差异较小时，就有一部分声波透射，反射声波变弱。所以，若工件中缺陷性质不同，则大小相同的缺陷其波高也不相同。

通常含气体的缺陷，如钢中的白点、气孔等，其声阻抗与钢声阻抗相差很大，可以近似地认为声波在缺陷表面是全反射。但是，对于非金属夹杂物等缺陷，缺陷与材料之间的声阻抗差异较小，透射的声波已不能忽略，缺陷波高相应降低。

另外，金属中非金属夹杂的反射与夹杂层厚度有关，一般地说，层厚小于 $\lambda/4$ 时，随层厚的增加反射相应增加。但当层厚超过 $\lambda/4$ 时，缺陷回波波高将保持在一定水平上。

(6) 缺陷位置的影响

缺陷波高还与缺陷位置有关。缺陷位于近场区时，同样大小的缺陷随位置不同而起伏变化，定量误差大。所以，实际检测中总是尽量避免在近场区检测定量。

第五节　缺陷性质分析

超声检测除了确定工件中缺陷的位置和大小外，还应尽可能判定缺陷的性质。缺陷定性是一个很复杂的问题，目前的超声检测仪只能提供缺陷回波的时间和幅度两方面的信息。检测人员根据这两方面的信息来判定缺陷的性质是有困难的。常常要结合工件的加工工艺、缺陷特征、缺陷波形和底波情况来判断缺陷的性质。

一、根据加工工艺分析缺陷性质

工件内所形成的各种缺陷与加工工艺密切相关。例如焊接过程中可能产生气孔、夹渣、未熔合、未焊透和裂纹等缺陷；铸造过程中可能产生气孔、缩孔、疏松和裂纹等缺陷；锻造过程中可能产生夹层、折叠、白点和裂纹等缺陷。在检测前应查阅有关工件的图纸和资料，了解工件的材料、结构特点、几何尺寸和加工工艺，这对于正确判定估计缺陷的性质是十分有益的。

二、根据缺陷特征分析缺陷性质

缺陷特性是指缺陷的形状、大小和密集程度。

对于平面形缺陷，在不同的方向上检测，其缺陷回波高度显著不同。在垂直于缺陷方向检测，缺陷回波高；在平行于缺陷方向检测，缺陷回波低，甚至无缺陷回波。一般的裂纹、夹层、折叠等缺陷就属于平面型缺陷。

对于点状缺陷，在不同的方向检测，缺陷回波无明显变化。气孔就属于点状缺陷。

对于密集形缺陷，缺陷波密集互相彼连，在不同的方向上检测，缺陷回波情况类似。一般密集渣、密集气孔等属于密集形缺陷。

三、根据缺陷波形分析缺陷性质

缺陷波形分为静态波形和动态波形两大类。静态波形是指探头不动时缺陷波的高度、形状和密集程度。动态波形是指探头在检测面上的移动过程中，缺陷波的变化情况。

1. *静态波形*

缺陷内含物的声阻抗对缺陷回波高度有较大的影响。气孔等内蚀气体，声阻抗很小，反射回波高。非金属或金属夹渣声阻抗较大，反射回波低。另外，不同类型缺陷反射波的形状也有一定的差别。例如气孔与夹渣,气孔表面较平滑,界面反射率高,波形陡直尖锐;而夹渣表面粗糙,界面反射率低,同时还有部分声波透入夹渣层,形成多次反射,波形宽大并带锯齿。

单个缺陷与密集缺陷的区分比较容易。一般单个缺陷回波是独立出现的,而密集缺陷则是杂乱出现,且互相彼连。

2. 动态波形

超声波入射到不同性质的缺陷上,其动态波形是不同的。为了便于分析估计缺陷的性质,常给出动态波形图。动态波形图横坐标为探头移动距离,纵坐标为波高。回波动态波形反映了超声波束沿平行或垂直焊缝检测时,缺陷反射信号高度和信号形状相对应的变化形态。

不同性质的密集缺陷的动态波形对探头移动的敏感程度不同。密集小裂纹对探头移动很敏感,只要探头稍一移动,缺陷波立刻此起彼伏,十分活跃,但夹渣对探头移动不太敏感,探头移动时,缺陷波变化迟缓。

四、根据底波分析缺陷的性质

锻件检测中,还可根据底波变化情况来判断锻件中的缺陷情况。

当缺陷回波很高,并有多次重复回波,而底波严重下降甚至消失时,说明锻件中存在平行于检测面的大面积缺陷。

当缺陷回波与底波共存时,可认为是点状缺陷(如气孔、夹渣)或面积较小的其他缺陷。

当示波屏上出现密集的互相彼连的缺陷回波,底波明显下降或消失时,说明锻件中存在密集性缺陷。

当缺陷波和底波都很低甚至消失时,说明锻件中存在大面积且倾斜的缺陷或在检测面附近有大缺陷。

思考题

1. 超声检测仪的选择一般遵循哪些原则?
2. 探头的选择一般遵循哪些原则?
3. 耦合剂的选择一般遵循哪些原则?
4. 缺陷的评定包括哪些内容?
5. 缺陷指示长度的测量有哪几种方法,每种方法如何测量?
6. 纵波直探头超声检测中,有哪些非缺陷回波?
7. 如何避免侧壁干涉?
8. 横波扫描速度的调节方法有几种?
9. 横波斜探头超声检测中,如何制作距离—波幅曲线?
10. 横波斜探头超声检测中,有哪些非缺陷回波?
11. 影响缺陷定位的主要因素有哪些?
12. 影响缺陷定量的主要因素有哪些?
13. 如何对缺陷性质进行分析?

第五章 原材料的超声检测

第一节 板材超声检测

一、概述

板材是核电站设备生产制造中广泛使用的重要材料，应用于核安全一级设备、二级设备、三级设备、非核级设备、常规岛设备、各种支撑和支架的制造中。

1. 板材的分类

根据板材的材质不同，板材分为钢板（碳钢、合金钢）、铜板、铝板和钛板等。

2. 核设备常用钢板材料

在民用核安全设备中，大部分的钢板都是热轧板，热处理状态为热轧状态或正火状态，以保证材料的力学性能和组织均匀性。

(1) 低合金高强度钢板，用于核设备壳体以及容器内结构件等；

(2) 低合金钢板及碳钢钢板，用于安全壳衬里等；

(3) 不锈钢钢板，用于安注箱、容积控制箱，以及各种支撑和支架等；

(4) 镍基合金钢板，用做蒸汽发生器水室封头隔板等。

二、板材的超声检测基本要求

板材超声检测应当依据板材厚度选择相应的检测方法：

(1) 厚度小于 6 mm 的板材一般采用板波或双晶探头检测；

(2) 6～20 mm 板材采用双晶直探头或单直探头多次底波法检测；

(3) 20～60 mm 板材采用单直探头或聚焦探头检测；

(4) 厚度大于 60 mm 的板材除直探头外还需要增加斜探头检测。

在核电站一级设备中，所有用于制造管道、泵和阀的标称厚度小于等于 50 mm 的钢板应采用斜射波进行超声检测，所有容器用钢板和厚度大于 50 mm 的钢板应采用直射波法进行超声检测。钢板超声检测一般采用直接接触法或水浸法，可选择手动、自动或半自动扫查。

钢板超声检测一般是直接采用工件反射底波设置检测灵敏度，也可采用不同深度的平底孔来设置检测灵敏度，即当量试块比较法。根据设备用途、安全级别、技术要求和钢板厚度等不同情况，当量试块比较法中的平底孔尺寸有所不同。检测一般从板材一侧表面进行检测，如有需要可以从两侧进行检测。

三、检测技术

1. 探头

(1) 直探头

一般采用 2～5 MHz 标称频率探头。当钢板厚度小于 20 mm 时，可以采用 4～5 MHz 的频率。由于材料厚度、晶粒大小以及仪器或方法的特性等原因，也可以选用较低的检测频率。圆晶片直径为ϕ10～30 mm，方晶片边长为 10～30 mm。

(2) 斜探头

一般采用 45°(在钢中)折射角，探头频率 2～5 MHz，由于材料厚度、晶粒大小、显微组织以及仪器或方法的特性等原因，也可以选用较低的检测频率。晶片有效直径一般应在ϕ13～25 mm。也可选用其他晶片尺寸和折射角(K 值)的探头。

(3) 其他特殊探头

如果需要，可选用适当的板波探头，双晶直探头或聚焦探头。

2. 试块

直探头检测时一般采用钢板反射底波直接校准仪器线性和调节灵敏度，也可以采用试块校准仪器线性和调节灵敏度。斜射波检测时采用对比试块上的人工反射体来校准仪器线性和调节灵敏度。对比试块应与被检板材声学特性相同或相似，厚度差不超过 10%。

(1) 纵波直射法

用双晶直探头检测厚度不大于 20 mm 的板材时，可以采用如图 5-1 所示的阶梯平底试块。

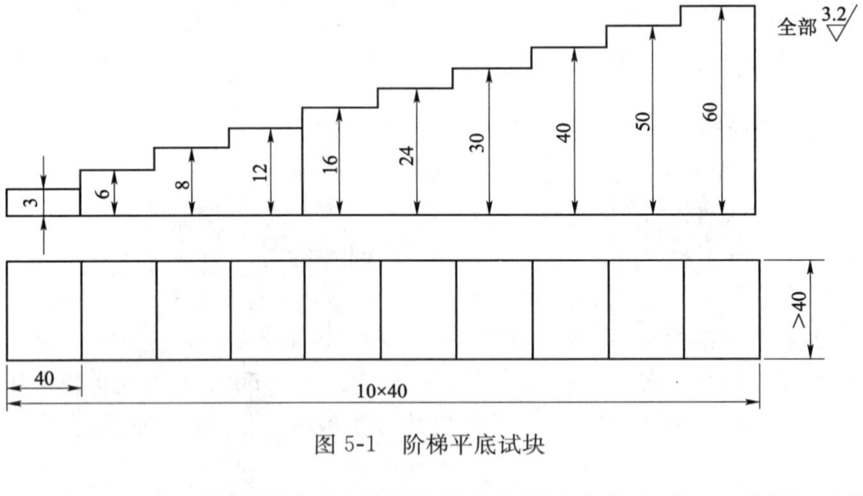

图 5-1 阶梯平底试块

检测厚度大于 20 mm 的板材时，对比试块形状和尺寸应符合表 5-1 和图 5-2 的规定。

表 5-1 板材超声检测用对比试块

试块编号	板材厚度 t(mm)	检测面到平底孔的距离 S(mm)	试块厚度 T(mm)	试块宽度 b(mm)
1	＞20～40	10、20、30	40	30
2	＜40～60	15、30、45	60	40

续表

试块编号	板材厚度 t(mm)	检测面到平底孔的距离 S(mm)	试块厚度 T(mm)	试块宽度 b(mm)
3	>60～100	15、30、45、60、80	100	40
4	>100～150	15、30、45、60、80、110、140	150	60
5	>150～200	15、30、45、60、80、110、140、180	200	60
6	>200～250	15、30、45、60、80、110、140、180、230	250	60

注：1. 板材厚度大于 40 mm 时，试块也可用厚代薄；
2. 为减轻单个试块尺寸和重量，声学性能相同或相似的试块上的平底孔可加工在不同厚度试块上。

对比试块人工反射体ϕ5 mm 平底孔，反射体个数至少 3 个。

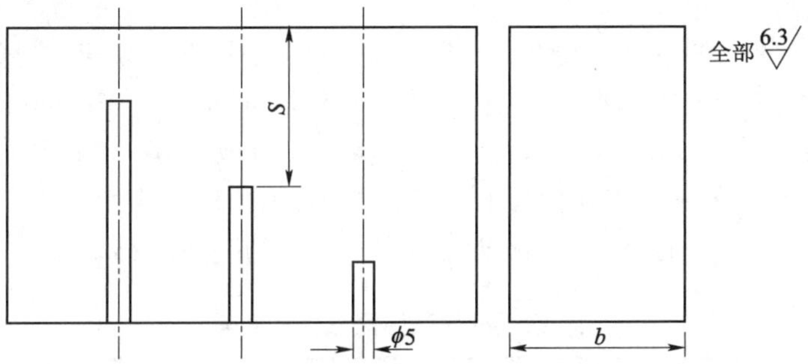

图 5-2　板材超声检测用对比试块示意图

(2) 斜射法

参考反射体为"V"形槽，槽深为板厚的 3%(最大为 3.0 mm)，槽的长度至少为 25 mm。切槽布置在钢板表面，垂直于长轴配置一个或几个切槽，距离钢板边缘大于等于 50 mm。对于厚度大于 50 mm 的板材，应在钢板的另一面加工第二个"V"形槽。

3. *灵敏度设置*

(1) 底波法(直探头)

板厚小于等于 20 mm 时，用图 5-1 所示阶梯平底试块调节，也可用被检板材无缺陷完好部位调节，此时用与工件等厚部位试块或被检板材的第一次底波调整到满刻度的 50%，再提高 10 dB 作为基准灵敏度。

(2) 参考反射体法(试块法)

1) 直探头校准

按所用探头和仪器在ϕ5 mm 平底孔试块上绘制距离—波幅曲线，并以此曲线作为基准灵敏度。扫查灵敏度一般应比基准灵敏度高 6 dB。

2) 斜探头校准

① 厚度小于等于 50 mm 的钢板

把探头置于试块有槽的一面，使声束对准槽的宽边，找出第一个全跨距反射的最大波幅，调整仪器，使该反射波的最大波幅为满刻度的 80%，在显示屏上记录下该信号的位置；不改变仪器的调整状态，移动探头，得到第二个全跨距信号，并找出信号最大反射波幅，在显示屏上记录下该信号的位置。在示波屏上将切槽反射信号峰值点连成一直线，此线即为距离一波幅曲线。

② 厚度大于 50 mm 的钢板

将探头声束对准试块背面的槽,并找出第一个 1/2 跨距反射的最大波幅。调节仪器,使反射波幅为满刻度的 80%,在显示屏上记下这个信号的位置。不改变仪器的调整状态,移动探头,以全跨距对准切槽并获得最大反射波幅,在显示屏上记下这个幅值点。将显示屏上所确定的点连成一直线,此线即为距离一波幅曲线。

四、扫查方式

根据钢板的用途和要求不同,采用的主要扫查方式分为全面扫查、列线扫查、边缘扫查和格子线。

1. 直探头扫查

(1) 在板材边缘或剖口预定线两侧范围内应作 100%扫查,扫查区域宽度见表 5-2;

(2) 在板材中部区域,探头沿垂直于板材压延方向,间距不大于 50 mm 的平行线进行扫查,或探头沿垂直和平行板材压延方向且间距不大于 100 mm 格子线进行扫查;

(3) 报据合同、技术协议书或留样的要求,也可采用其他形式的扫查;

(4) 双晶直探头扫查时,探头的移动方向应与探头的隔声层相垂直。

表 5-2 板材边缘区域扫查宽度

板厚 t(mm)	边缘区宽度(mm)
$t<60$	50
$60\leqslant t<100$	75
$t\geqslant 100$	100

2. 斜探头扫查

1) 在板材的轧制面上以垂直和平行于板材主要压延方向的格子线进行扫查,格子线中心距为 200 mm;

2) 当发现缺陷信号时,移动探头使之能在显示屏上得到最大反射波幅;

3) 对于波幅等于或超过距离一波幅曲线的缺陷显示,应记录其位置,并移动探头用 6 dB 法来测量其指示长度。对于波高低于距离一波幅曲线的缺陷,当指示长度较长时,也应作记录;

4) 在每一个记录缺陷位置上,应以记录缺陷中心起,至少在 200×200 mm 的区域进行 100%斜探头和直探头检测。

手动超声检测时扫查速度一般小于或等于 150 mm/s,当采用自动或半自动设备连续检测时其扫查速度的调节应考虑波形滞后及标记缺陷所产生的影响。

五、记录标准

在检测基准灵敏度条件下,发现下列两种情况之一即作为缺陷:

(1) 缺陷第一次反射波(F_1)波幅高于距离一波幅曲线;或用双晶探头检测板厚小于 20 mm 板材时,缺陷第一次反射波(F_1)波幅大于或等于显示屏满刻度的 50%;

(2) 底面第一次反射波(B_1)波幅低于显示屏满刻度的 50%，即 $B_1<50\%$。

六、验收标准

1. 直射波检测

在板材中部检测区域，按最大允许单个缺陷指示面积和任一 1 m×1 m 检测面积内缺陷最大允许个数确定质量等级，见表 5-3。如整张板材中部检测面积小于 1 m×1 m，缺陷最大允许个数可按比例折算。

表 5-3　板材中部检测区域质量分级

等级	最大允许单个缺陷指示面积 S 或当量平底孔直径 D(mm)	在任一 1 m×1 m 检测面积内缺陷最大允许个数	
		单个缺陷指示面积或当量平底孔直径评定范围	最大允许个数
Ⅰ	双晶直探头检测时：$S\leqslant 50$	双晶直探头检测时：$20<S\leqslant 50$	10
	或单晶直探头检测时：$D\leqslant \phi 5+8$ dB	或单晶直探头检测时：$\phi 5<D\leqslant \phi 5+8$ dB	
Ⅱ	双晶直探头检测时：$S\leqslant 100$	双晶直探头检测时：$50<S\leqslant 100$	10
	或单晶直探头检测时：$D\leqslant \phi 5+14$ dB	或单晶直探头检测时：$\phi 5+8$ dB$<D\leqslant \phi 5+14$ dB	
Ⅲ	$S\leqslant 1\ 000$	$100<S\leqslant 1\ 000$	15
Ⅳ	$S\leqslant 5\ 000$	$1\ 000<S\leqslant 5\ 000$	20
Ⅴ	超过Ⅳ级者		

在板材边缘或剖口预定线两侧检测区域，按最大允许单个缺陷指示长度、最大允许单个缺陷指示面积和任一 1 m 检测长度内最大允许缺陷个数确定质量等级，见表 5-4。如整张板材边缘检测长度小于 1 m，缺陷最大允许个数可按比例折算。

表 5-4　板材边缘或剖口预订线两侧检测区域质量分级

等级	最大允许单个缺陷指示长度 Lmax	最大允许单个缺陷指示面积 S 或当量平底孔直径 D(mm)	在任一 1 m 检测长度内最大允许缺陷个数	
			单个缺陷指尔长度 L 或当量平底孔直径评定范围	最大允许个数
Ⅰ	$\leqslant 20$	双晶直探头检测时：$S\leqslant 50$	双晶直探头检测时：$l_0<L\leqslant 20$	2
		或单晶直探头检测时：$D\leqslant \phi 5+8$ dB	或单晶直探头检测时：$\phi 5<D\leqslant \phi 5+8$ dB	
Ⅱ	$\leqslant 30$	双晶直探头检测时：$S\leqslant 100$	双晶直探头检测时：$15<L\leqslant 30$	3
		或单晶直探头检测时：$D\leqslant \phi 5+14$ dB	或单晶直探头检测时：$\phi 5+8$ dB$<D\leqslant \phi 5+14$ dB	
Ⅲ	$\leqslant 50$	$S\leqslant 1\ 000$	$25<L\leqslant 50$	5
Ⅳ	$\leqslant 100$	$S\leqslant 2\ 000$	$50<L\leqslant 100$	6
Ⅴ	超过Ⅳ级者			

2. 斜射波检测

任何反射幅度等于或超过距离一波幅曲线的缺陷不合格，除非用直探头补充检测，表明其性质为分层。

第二节 管材超声检测

一、概述

在核电站中管道连接着容器、泵、阀组成系统，管材用量非常大。从核安全级别上划分，有核安全一级、核安全二级、核安全三级和非核级的管道；管道壁厚有厚有薄，厚的达100 mm，薄的不到2 mm；管径有大有小，大的直径有1 m，小的直径只有十几毫米；从材料上划分，有碳钢管、不锈钢管和合金钢管；从制造方式上划分，有无缝管和焊接管。管道内部流动的介质主要有水、蒸汽和压缩空气等，是实现系统功能的重要载体。

二、检测基本要求

超声检测一般只适用于外径大于等于 12 mm 的管材。除非要求检测横向缺陷时，一般可只对纵向缺陷进行检测。

对于直径小于 50 mm 的管材一般采用水浸检测，使用机械传动装置实现自动检测。水浸检测时应在水中添加无损于管材的润湿剂，以充分润湿材料表面，从而提供足够的耦合效果。

对于直径大于 50 mm 的管材一般采用接触法检测，可以采用手动或机械转动装置实现自动检测。

三、检测技术

1. 探头

液浸法检测时可使用线聚焦或点聚焦探头。单个探头压电晶片边长或直径应不大于25 mm。对于直径小的薄壁管，探头频率可提到 10 MHz。水浸检测时，一般选择线聚焦水浸探头。接触法检测时，应选择与管外形相适合的楔块。

2. 对比试块

对比试块可以使用与被检管中截取长度适当且本身无缺陷管子制作，也可以使用与被检钢管规格相同，材质、热处理工艺和表面状况相同或相似的管子制作。检测纵向缺陷和横向缺陷所用的人工反射体应分别为平行于管轴的纵向槽和垂直于管轴的横向槽，其断面形状均可为矩形或 V 形。矩形槽的两个侧面应相互平行且垂直于槽的底面。当采用电蚀法加工时，允许槽的底面和底面角部略呈圆形。V 形槽的夹角应为 60°。检测时人工反射体形状的选用由供需双方商定。人工反射体的尺寸按表 5-5 分为三级。

表 5-5 人工反射体尺寸

<table>
<tr><th rowspan="2">级别</th><th colspan="3">深度(mm)</th><th rowspan="2">宽度 b(mm)</th><th colspan="2">长度(mm)</th></tr>
<tr><th>h/t(%)</th><th>最小</th><th>允许偏差</th><th>纵向</th><th>横向</th></tr>
<tr><td>Ⅰ</td><td>5</td><td>0.20</td><td>±15%</td><td rowspan="3">不大于深度的两倍，最大为 1.5</td><td rowspan="3">40</td><td rowspan="3">40 或周长的 50%（取小者）</td></tr>
<tr><td>Ⅱ</td><td>8</td><td>0.40</td><td>±15%</td></tr>
<tr><td>Ⅲ</td><td>10</td><td>0.40</td><td>±15%</td></tr>
</table>

注：人工反射体最大深度为 3.0 mm。

纵向槽应在对比试块的中部外表面和端部区域内、外表面处各加工一个，当钢管内径小于 25 mm 时可不加工内壁纵向槽。横向槽应在试样的中部外表面和端部区域内、外表面处各加工一个，当内径小于 50 mm 时可不加工内壁横向槽。

3. 检测灵敏度设置

（1）直接接触法检测

可直接在对比试块上将内壁人工反射体的回波幅度调到显示屏满刻度的 80%，再移动探头，找出外壁人工反射体的最大回波，在显示屏上标出，连接两点即为距离—波幅曲线，作为基准灵敏度。由于管径的原因，对比试块上无内壁人工反射体时，可用外壁人工反射体的一次回波和二次回波制作距离—波幅曲线。

（2）液浸法接触法检测

1）水层距离应根据聚焦探头的焦距来确定；

2）调整时，一面用适当的速度转动管子，一面将探头慢慢偏心，使对比试块内、外表面人工反射体所产生的回波幅度均达到显示屏满刻度的 50%，并以此作为基准灵敏度。

扫查灵敏度应在基准灵敏度的基础上提高 6 dB。

四、扫查方式

自动或手动检测时应保证声束对钢管全部表面的扫查。扫查时，声波沿管壁作周向传播主要是检测管材的纵向缺陷，沿管壁作轴向传播主要是检测管材的横向缺陷，如图 5-3 所示。

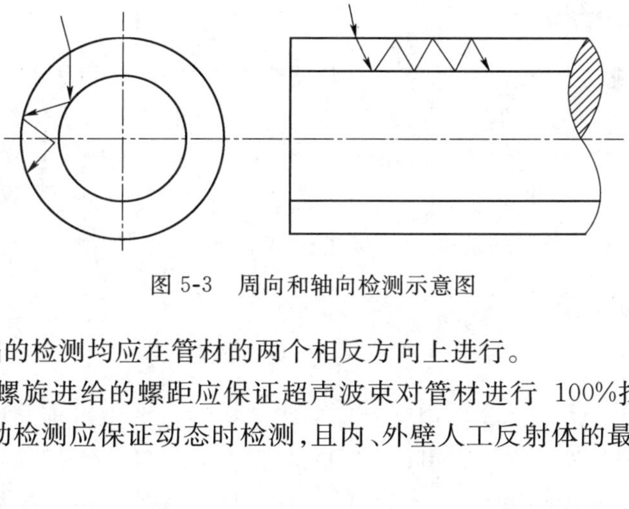

图 5-3　周向和轴向检测示意图

纵向、横向缺陷的检测均应在管材的两个相反方向上进行。

探头相对管材螺旋进给的螺距应保证超声波束对管材进行 100%扫查时，应有不小于 15%的覆盖率。自动检测应保证动态时检测，且内、外壁人工反射体的最大反射波幅差不超过 2 dB。

五、记录标准

直接接触法检测时，回波幅度大于或等于相应的对比试块人工反射体距离一波幅曲线 50%高度的缺陷应记录。

液浸法检测时，回波幅度大于或等于相应的对比试块内、外表面人工反射体所产生的回波幅度 50%的缺陷应记录。

六、验收标准

管材超声检测质量分级见表 5-6。

表 5-6 管材超声检测质量分级

等级	允许缺陷回波幅度	
	直接接触法	液浸法
Ⅰ	低于相应的对比试块人工反射体距离一波幅曲线 50%,即 H_d<50%DAC	低于相应的对比试块内、外表面人工反射体所产生的回波幅度 50%,即<50%H_r
Ⅱ	低于相应的对比试块人工反射体距离一波幅曲线,即 50%DAC≤H_d<DAC	低于相应的对比试块内、外表面人工反射体所产生的回波幅度,即 50%H_r≤H_d<H_r
Ⅲ	大于等于相应的对比试块人工反射体距离一波幅曲线,即 H_d≥DAC	大于等于相应的对比试块内、外表面人工反射体所产生的回波幅度,即 H_d≥H_r

注:H_d 指缺陷回波幅度,H_r 指液浸法对比试块内、外表面人工反射体所产生的回波幅度。

第三节 锻件超声检测

一、概述

核电产品制造领域中,核岛一回路主设备反应堆压力容器、稳压器和蒸汽发生器部件均采用锻件焊接制造。如:压力容器顶盖和筒节、蒸汽发生器管板、稳压器上下封头和筒节、主螺栓等。产品制造过程中,超声检测是锻件质量控制的主要手段。由于制造这些部件的锻件几何形状和结构不同,所采用的超声检测技术也不尽相同,但最终目的都是要反映出工件的内部质量状况,保证所制造的核电产品满足标准要求。

二、检测基本要求

1. 仪器

锻件制造期间,通常可选择使用脉冲反射式超声波仪器进行手动检测或者自动检测。仪器工作频率通常应能覆盖 1~5 MHz。当被检部件为粗晶材料或奥氏体不锈钢锻件时,仪器可选择的最低频率应能够达到 0.5 MHz 的下限,以降低背景噪声对超声检测的影响。

2. 探头

检测用探头为直探头和斜探头。直探头频率范围通常选用 1~5 MHz,晶片尺寸为 ϕ10~ϕ40 mm。斜探头频率范围通常选用 2~5 MHz,探头的晶片面积为 80~625 mm^2,原则上应采用折射角为 45 (Kl)的探头,但根据工件几何形状和内外径比例的不同,也可采用其他的折射角(K 值)探头。检测粗晶材料可根据实际情况,选用一发一收的双晶纵波斜探头。

3. 试块

对比试块可由以下材料之一制成：

(1) 被检材料的多余部分(尺寸足够时)；

(2) 与被检材料同钢种、同热处理状态的材料；

(3) 与被检材料具有相同或相似声学特性的材料。

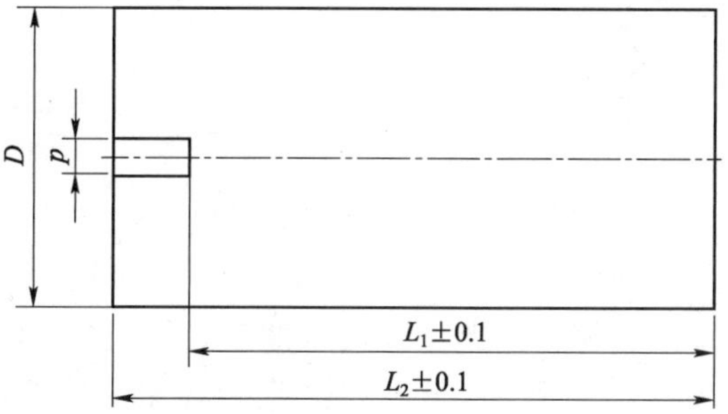

图 5-4 CS-2 试块示意图

单晶直探头检测采用带有平底孔的 CS-2 对比试块，试块尺寸和平底孔孔径应根据不同产品的具体要求确定，如图 5-4 所示。

双晶直探头检测采用带有平底孔的 CS-3 对比试块，一般用于厚度小于 45 mm 的工件。CS-3 对比试块的形状和尺寸应符合表 5-7 和图 5-5 的规定。

表 5-7 CS-3 对比试块尺寸

试块序号	孔径(mm)	检测距离 L(mm)								
		1	2	3	4	5	6	7	8	9
1	$\phi 2$	5	10	15	20	25	30	35	40	45
2	$\phi 3$									
3	$\phi 4$									

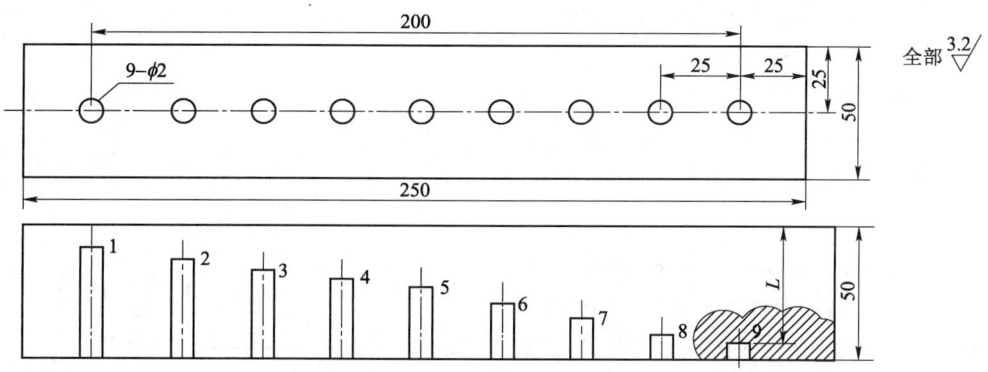

图 5-5 CS-3 试块示意图

工件检测面曲率半径小于等于 250 mm 时，应采用曲面对比试块(试块曲率半径在工件曲率半径的 0.7～1.1 倍范围内)调节基准灵敏度。

斜探头检测通常使用的是带有 V 形槽的对比试块。试块内外表面分别沿轴向和周向加工平行的 V 形槽，槽长度为 25 mm，深度为锻件壁厚的 1%，角度为 60°。也可采用其他等效的反射体(如边角反射等)。

检测一般应安排在热处理后，孔、台等结构机加工前进行，目的是尽量保证超声波声束能够最大限度地扫查整个锻件。检测面的表面粗糙度 $R_a \leqslant 6.3\ \mu m$。

三、检测技术

1. 灵敏度确定

(1) 单晶直探头基准灵敏度的确定

使用CS-2或CS-4试块,依次测试一组不同检测距离的ϕ2 mm平底孔(至少3个),制作单晶直探头的距离—波幅曲线,并以此作为基准灵敏度。当被检部位的厚度大于或等于探头的3倍近场区长度,且检测面与底面平行时,也可以采用底波计算法确定基准灵敏度。

(2) 双晶直探头基准灵敏度的确定

使用CS-3试块,依次测试一组不同检测距离的ϕ2 mm平底孔(至少3个),制作双晶直探头的距离—波幅曲线,并以此作为基准灵敏度。

(3) 斜探头基准灵敏度的确定

从锻件外圆面将探头对准内圆面的标准沟槽,调整增益,使最大反射高度为满刻度的80%,记录该点,以其为扫查灵敏度;不改变仪器的调整状态,再移动探头测定外圆面的标准沟槽,并记录最大回波点。将上述两点用直线连接并延长,绘出距离—波幅曲线,并使之包括全部检测范围。

(4) 扫查灵敏度一般应比基准灵敏度高6 dB。

2. 检测方法

锻件按其外形大致分为空心锻件和非空心锻件,检测方法也略有不同。

(1) 空心锻件

筒形或环形锻件统称为空心锻件,反应堆压力容器的法兰接管段、堆芯筒节、过渡段、进/出口接管、安注管、安全端等部位都属于这一类。空心锻件的超声检测通常采用纵波直探头和横波斜探头的检测方法。

1) 直探头检测

一般将探头置于工件的外圆周面上进行径向检测和两个端面上进行轴向检测,如图5-6所示。

如果锻件长度或者壁厚限制,导致直探头进行轴向检测时超声波声束穿透整个厚度存在困难,则应采用斜探头在圆周面上进行轴向检测以代替直探头的轴向检测。

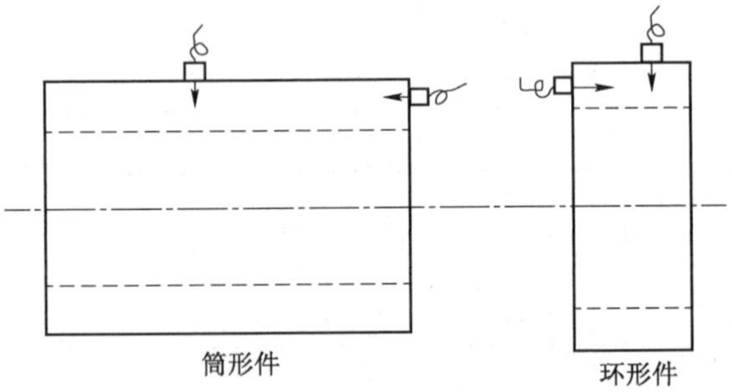

图5-6 空心锻件直射纵波扫查示意图

2) 斜探头检测

对于筒形或环形锻件采用斜探头进行轴向检测,对于内外径之比大于或等于65%的筒形或环形锻件还应进行周向检测。

(2) 非空心锻件

管板类或饼型锻件,如蒸汽发生器管板、反应堆压力容器堆芯支承块,以及螺栓棒料等轴类锻件都属于非空心锻件。超声检测非空心锻件应根据其直径和长度合理选择检测方法。

1) 饼形锻件的检测

超声检测饼形锻件通常采用直探头至少在一个平面上进行扫查。如果采用单晶直探头检测,为避免近表面盲区的存在,需要在两平行端面上进行扫查。条件允许的情况下,还应在管板类或饼型件的圆周面上进行直探头扫查,如图 5-7 所示。如果该饼型件直径较大,要注意在一定灵敏度条件下,直探头的最大检测范围和检测能力的限制可能无法完全有效地进行检测。

2）轴类锻件的检测

检测轴类锻件主要采用直探头在轴的圆周面上作径向扫查。如有要求,应在轴的两个端面上补充直探头的轴向扫查,但这种检测可能会受到轴的长度约束导致检测范围不能覆盖轴的全长。典型轴类锻件的超声检测的扫查方式,如图 5-8 所示。

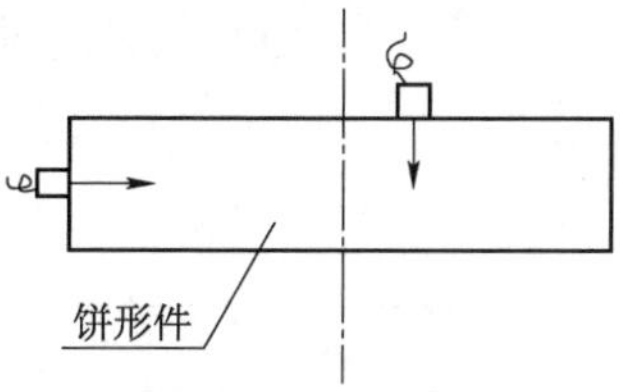

图 5-7　饼形锻件直射纵波扫查示意图

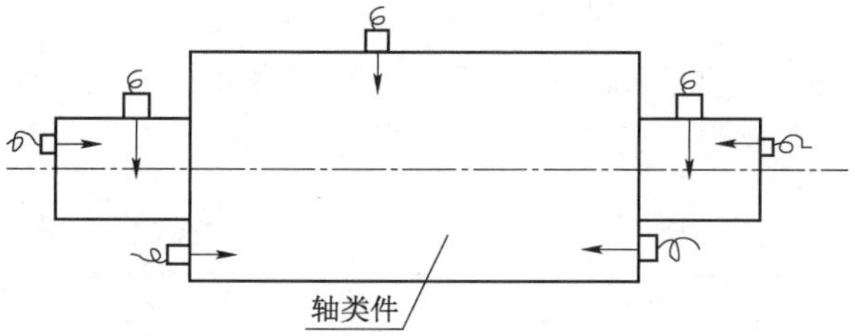

图 5-8　轴类锻件的超声检测的扫查方式

3）螺栓棒料的检测

超声检测棒材一般要求作径向和轴向扫查。轴向检测时,首先考虑轴向检测的有效长度,其次考虑侧壁效应的影响。采用直探头接触法或水浸法对棒材进行检测时,将受到棒材最小可检测直径的限制;如果直径太小,则需要进行试验来断定是否可以有效检测。

四、扫查方式

1. 直探头扫查方式

移动探头从两个相互垂直的方向在检测面上作 100%的扫查。双晶直探头扫查时,探头的移动方向应与探头的隔声层相互垂直。根据技术协议书要求,也可采用其他形式的扫查,如一定间隔的平行线或格子线扫查。

2. 斜探头扫查方式

斜探头采用超声声束相对的扫查方式进行轴向扫查和周向扫查,扫查方式示意图见图 5-9 所示。

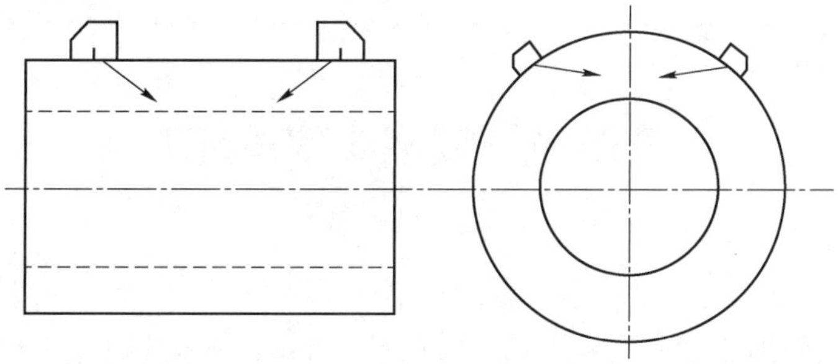

图 5-9　斜探头扫查方式示意图

五、记录标准

记录波幅在距离—波幅曲线高度 50%以上的缺陷反射波和缺陷位置。缺陷指示长度按 −6 dB 法测定。当相邻两个缺陷间距小于或等于 25 mm 时,按单个缺陷处理。当被检缺陷的深度大于或等于所用探头的 3 倍近场区时,可采用 AVG 曲线或计算法确定缺陷的当量;对于 3 倍近场区内的缺陷,可采用距离—波幅曲线来确定缺陷的当量。

六、验收标准

1. 直探头检测验收标准

缺陷的质量分级见表 5-8。当检测人员判定反射信号为白点、裂纹等危害性缺陷时,锻件质量等级为Ⅴ级。

表 5-8 直探头检测缺陷质量分级

等级	Ⅰ	Ⅱ	Ⅲ	Ⅳ	Ⅴ
单个缺陷当量平底孔直径	≤ϕ4	≤ϕ4+6 dB	≤ϕ4+12 dB	≤ϕ4+18 dB	>ϕ4+18 dB
由缺陷引起的底破降低量(BG/BF)	≤6 dB	≤12 dB	≤18 dB	≤24 dB	>24 dB
密集区缺陷当量直径	≤ϕ2	≤ϕ3	≤ϕ4 dB	≤ϕ4+4 dB	>ϕ4+4 dB
密集区缺陷面积占检测总面积的百分比/%	0	≤5	≤10	≤20	>20

注:1.由缺陷引起的底破降低量仅适用于声程大于近场区长度的缺陷;
2.表中不同种类的缺陷分级应独立使用;
3.密集区缺陷面积指反射波幅大于等于ϕ_2dB 当量平底孔直径的密集区缺陷。

2. 斜探头检测验收标准

波幅高于距离—波幅曲线的缺陷质量等级定为Ⅲ级。波幅在距离—波幅曲线的 50%~100%的缺陷分级按表 5-9 要求进行分级。

表 5-9 斜探头检测缺陷质量分级

质量等级	单个缺陷指示长度
Ⅰ	≤1/3 壁厚,且≤100 mm
Ⅱ	≤2/3 壁厚,且≤150 mm
Ⅲ	大于Ⅱ级者

第四节 铸件超声检测

一、概述

核电领域中铸造产品主要是泵、阀的壳体和一回路离心铸造主管道等。核电站系统回路中的有大量的核级泵和阀,一回路主管道属于核安全一级,它们对核电站的运行和安全至关重要。

二、检测基本要求

铸件由于具有组织不均匀、组织不致密、形状复杂、缺陷种类多等特点，给超声检测带来了许多不利的影响，形成了铸件超声检测的局限性和特殊性。由于晶粒粗大，不均匀组织粗糙表面导致的声散射增大，声能损失严重，超声波穿透性差，检测灵敏度低；声散射形成的草状杂波、粗糙表面形成的杂波、轮廓反射和迟到波等形成的杂波干扰较严重。因此铸件检测一般根据铸件的不同情况，可选择相应的检测技术进行。

1. 缺陷反射波法

对于厚度较大、表面较光滑的铸件，可采用纵波直探头，通过观察一次底面回波前的缺陷反射信号进行检测。如需要检测裂纹和近表面缺陷，可辅以斜探头检测和双晶直探头检测。

2. 二次缺陷反射波法

对于厚度不大、表面较粗糙的铸件，可采用纵波直探头，通过观察一次底面和二次底面回波之间的缺陷反射信号进行检测。

3. 分层检测法

对于厚度较大的铸件，如一回路铸造主管道，可将铸件在厚度上分为若干层，每一层采用该层的深度调整灵敏度进行检测。检测工艺上，可根据分层后铸件的实际情况，如声衰减量、声散射产生的杂波信号幅度，选用同一探头设置不同的检测灵敏度或不同频率和晶片尺寸的探头组合。

三、检测技术

1. 探头

铸件超声检测，一般以纵波直探头为主，辅以横波斜探头和纵波双晶探头。

铸件晶粒比较粗大，衰减严重，宜选用较低的频率，一般为 0.5～2.5 MHz。对于厚度不大又经过热处理的铸件。可选用 2.0～2.5 MHz。对于厚度较大和未热处理的铸件，宜选用 0.5～2.0 MHz。

纵波直探头的直径一般为ϕ10～ϕ30 mm，横波斜探头的折射角常为 45°、60° 和 70° 等。

2. 试块

铸钢件检测常用图 5-10 所示的 ZGZ 系列平底孔对比试块。

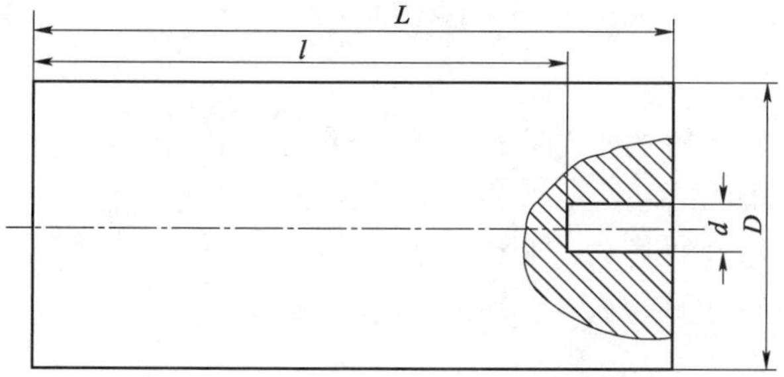

图 5-10　ZGZ 系列平底孔对比试块

试块材质与被探铸钢件相似，不允许存在ϕ2 mm 平底孔缺陷。试块平底孔直径 d 分别为ϕ3、ϕ4、ϕ6 等三种。平底孔声程为 25、50、75、100、150、200 等六种。该试块用于制作距离—波幅曲线和调整检测灵敏度(纵波直探头)。

3. 透声性测试

铸钢件晶粒较粗，组织不致密，对声波吸收和散射严重，透声性差，对检测结果影响较大。一般检测前要测试其透声性。铸钢件透声性可用纵波直探头来测试。将探头对准工件底面，测出底波 B_1 与 B_2 的 dB 差即可。测得的 dB 差越大，说明透声性越差。

4. 灵敏度设置

根据检测要求选定一组平底孔对比试块(平底孔直径相同声程不同)测出工件与对比试块的透声性和耦合损失差ΔdB。将探头置于厚度与工件相近的试块上，对准平底孔，调节仪器使平底孔最高回波达10%～20%。然后将探头分别对准不同声程的平底孔，标记各平底孔回波的最高点，连成曲线，从而得到该平底孔的距离—波幅曲线。增益ΔdB，这时灵敏度就调好了。再增益 6 dB 作为扫查灵敏度。

四、扫查方式

检测前，铸件应进行奥氏体热处理，以保证和提高组织的均匀性；扫查面应无影响超声检测的异物，如铸造、喷沙、打磨或机加工造成的异物；如果机加工后超声检测不可达区域增大，则应将超声检测时机选择在机加工前进行。

探头每次扫查路径至少应覆盖垂直于扫查方向晶片尺寸的 15%。探头移动速率一般不应大于 150 mm/s。扫查中根据缺陷波高与底波降低情况来判别工件内部是否存在缺陷。

五、记录标准

以下几种情况作为缺陷记录：

(1) 缺陷回波幅度达到距离—波幅曲线；

(2) 底面回波幅度降低量≥12 dB；

(3) 不论缺陷回波高低，认为是线状或片状缺陷。

发现缺陷以后，要测定缺陷的位置与大小。缺陷的面积大小用下述方法测定：当利用缺陷反射法判别缺陷时，用缺陷 6 dB 法测定缺陷面积大小。当采用底波降低 12 dB 法判别缺陷时，用底波降低 12 dB 作为缺陷边界来测定缺陷面积。

思考题

1. 简述板材超声检测的基本要求和记录、验收标准。
2. 简述管材超声检测的基本要求和记录、验收标准。
3. 简述锻件超声检测的基本要求和记录、验收标准。
4. 简述铸件超声检测的基本要求和记录、验收标准。

第六章　核设备及管道焊缝超声检测

第一节　设备焊缝超声检测

核安全设备如反应堆压力容器、蒸汽发生器、稳压器等筒体对接焊缝和接管与筒体连接的角焊缝(也称管座角焊缝),焊缝厚度一般可达到 100～300 mm。筒体材料一般采用低合金钢材料(板材或锻件),筒体之间采用全焊透的对接焊缝连接,内壁堆焊不锈钢。

设备焊缝常用的焊接方法有手工电弧焊、埋弧自动焊和气体保护焊。

设备焊缝中常见缺陷有气孔、夹渣、未熔合和裂纹等。

一、检测技术

1. 探头

设备焊缝超声检测通常采用四种角度的探头(即 0°、45°、60°和 70°),频率选择 2～3 MHz。其中 45°和 60°(也可以用以外的斜探头,但两者之间的角度差至少为 10°),用于扫查整个焊缝和焊缝边缘两侧 1/2 壁厚的母材范围。而 70°探头(也可用 60°～70°),用于扫查 25 mm 或 1/4 壁厚以内的近表面(两者取较大者)。另外 0°直探头用于扫查被检测区域以及斜探头声束经过的母材区域。

2. 试块

(1) 基准试块厚度

如涉及两种或两种以上材料厚度时,基准试块的厚度可以是焊缝的平均厚度。如果参考反射体依据的是焊缝的平均厚度或者较小厚度来确定时,则基准试块的厚度可以是焊缝的较大厚度。

(2) 基准试块的适用范围

当试块厚度±1 in(25 mm)介于两种被检焊缝厚度之间时,此试块可用于其厚度±1 in(25 mm)范围内所覆盖的被检焊缝厚度。例如:1.5 in(38 mm)的试块厚度可用于 0.5 in(13 mm)至 2.5 in(64 mm)的焊缝厚度。

(3) 基准试块的堆焊层

基准试块应采用与被检部件相同的堆焊方法堆焊(如滚轧、手工堆焊、自动焊丝堆焊或自动带极堆焊)。如不知道被检部件堆焊方法,基准试块应采用手工堆焊。当焊缝两侧材料是用不同的方法堆焊时,则基准试块上的堆焊层应采用进行检测的焊缝那一侧的方法堆焊。当从焊缝两侧进行检测时,则基准试块应能提供相应的校准。

(4) 试块曲率

1) 当被检工件检测面直径等于或小于 20 in(500 mm)时,可使用单曲面的校准试块来校准检测面曲率为校准试块直径 0.9～1.5 倍的工件。

2）当被检工件检测面直径大于 20 in(500 mm)时，使用曲率与被检工件基本相同的试块或者平面试块。

3. 参考反射体

参考反射体为横孔和方槽，以及如有必要时可增加用于声束扩散测量的圆底孔，详见图 6-1 的要求。横孔在厚度方向的位置为 $T/4$、$T/2$ 和 $3/4\ T$，孔径根据厚度而变化，具体数值详见表 6-1。方槽的长度为 51 mm，宽度为 6 mm，深度为 2%T。其中 T 为设备壁厚。

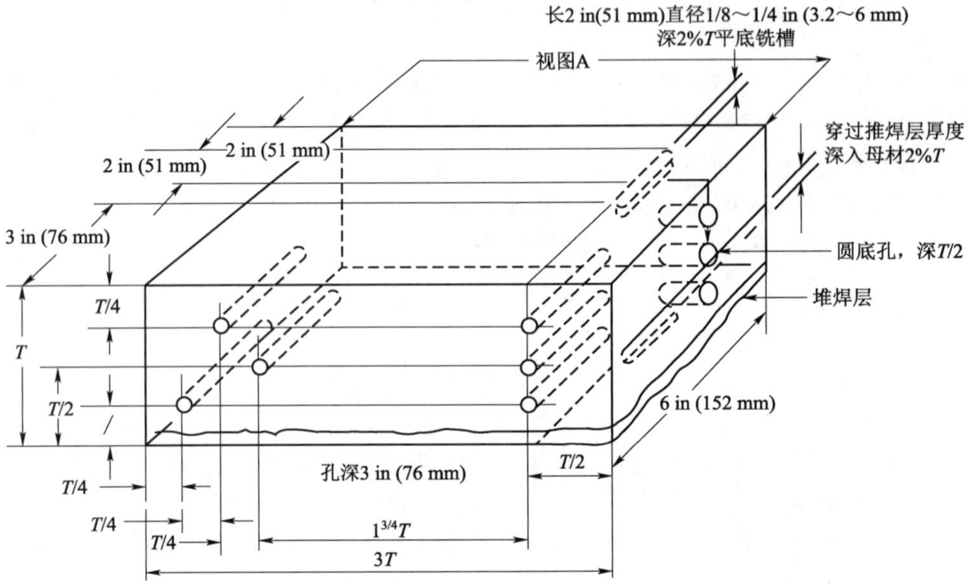

图 6-1 对比试块设计要求

表 6-1 焊缝厚度与反射体孔径对应表

焊缝厚度 t/in(mm)	基准试块厚度 T/in(mm)	横孔直径/in(mm)	圆底孔直径/in(mm)
>2～4(51～102)	3 或 t(76 或 t)	3/16(4.8)	3/8(9.5)
>4～6(102～152)	5 或 t(127 或 t)	1/4(6.4)	7/16(11.1)
>6～8(152～203)	7 或 t(178 或 t)	5/16(7.9)	1/2(12.7)
>8～10(203～254)	9 或 t(230 或 t)	3/8(9.5)	9/16(14.3)
>10～12(254～305)	11 或 t(280 或 t)	7/16(11.1)	5/8(15.9)
>12～14(305～356)	13 或 t(330 或 t)	1/2(12.7)	11/16(17.5)
>14(356)	t±1 in(t±25)		

二、灵敏度设置

1. 斜探头灵敏度设置

(1) 对于 45°、60° 探头

1）如从堆焊层侧标定，利用 $T/4$、$T/2$、$3/4\ T$ 和 $5/4\ T$($5/4\ T$ 是用一次反射波对的孔进行灵敏度设置），根据屏上四点绘制 DAC 曲线。

2）如从非堆焊层侧标定，应首先从堆焊层侧测量确定 3/4 T 和 5/4 T 两个回波波幅 dB 差值。然后，从非堆焊层侧，分别找出屏上 $T/4$、$T/2$、3/4 T 孔的三个孔的最大波幅位置，根据确定的 3/4 T 和 5/4 T 两个波幅 dB 差值，标出 5/4 T 的波幅位置。连接四点即为 DAC 曲线。

（2）对于近表面探头（70° 探头）

将探头放置于标定试块上，利用近表面的 ϕ3.2 mm 横孔，找出各点的波高峰值点。然后，调节增益使深度为 $T/4$ 的直径 1/8 in(3.2 mm)横孔信号与 A 中所述的深为 $T/4$ 的横孔信号一样高。这时，仪器的增益将作为参考基准灵敏度。连接各回波峰值点，即为近表面 DAC 曲线。

（3）对于 45°、60° 探头还需要对试块中的底面切槽的波高进行记录。并将其标记在相应的 DAC 曲线上，由于 45° 和 60° 端角反射的不同，45° 的切槽信号一般比 DAC 高一倍，60° 的切槽信号一般比 DAC 低一半，因此当其在评定底面显示时应考虑来自表面切槽的信号。

2. 直探头灵敏度设置

将探头放置于基准试块上，利用 $T/4$、$T/2$、3/4 T 三个孔进行标定，并将 DAC 曲线深度范围延长至整个壁厚范围。

三、检测方式

设备焊缝在工厂制造期间可以从内外两侧实施检测。反应堆压力容器筒体焊缝在役检查时，通常从内侧采用远距离自动超声检测技术；蒸汽发生器筒体焊缝和稳压器筒体焊缝在役检查时，一般采用外侧手动或自动超声检测技术。

四、显示的评定

当显示信号被判定为缺陷显示后，需进行缺陷性质判定，即判定缺陷显示是体积性缺陷还是非体积性缺陷。然后再进行缺陷尺寸测量。

制造安装过程中的超声检测，如果被判定为非体积性的危险性缺陷，如：裂纹、未熔合和未焊透等，不论长度如何，均不可接收；如果判定为体积性缺陷，可用 20%DAC 回波幅度来确定缺陷的长度。

设备焊缝在在役检查时，如果判定为非体积性缺陷时，需要进行缺陷自身高度测量和长度测量。自身高度测量，可以采用缺陷上下端点信号来测量。长度测量方法，一般可用 20%DAC 回波幅度来测量。如果判定为体积性缺陷时，只需测定其长度。

缺陷长度测量采用最大幅值−6 dB 法或其他方法进行测量。而具体采用哪种测量方法，还需要根据经无损检测能力验证后确定的方法来进行测量。

超声检测时，还需要记录结构信号。若被判定是由于表面结构（如焊缝根部几何形状）或材料金属组织差异（如焊缝/母材间金属界面）导致，则称之为结构显示。结构显示不需要对其进行特征化处理及尺寸测量，也不要求按验收标准进行比较处理。

五、记录和验收标准

1. 制造、安装阶段记录和验收标准

记录回波幅度超过 20%DAC 的所有缺陷，并确定所有这些缺陷的形状、性质和位置。

其中核安全一级部件容器筒体焊缝的验收标准如下：

(1) 显示波幅超过 DAC，且长度超过下列规定值的缺陷均不得验收：

1) 对于焊缝厚度 t 小于 19 mm，显示波幅大于 100%DAC 且长度大于 6 mm；

2) 对于焊缝厚度 t 为 19～57 mm，显示波幅大于 100%DAC 且长度大于 $t/3$ mm；

3) 对于焊缝厚度 t 大于 57 mm，显示波幅大于 100%DAC 且长度大于 19 mm。

如焊缝为两种不同厚度，厚度 t 取小值。

(2) 确定显示特征为裂纹、未熔合和未焊透，不论其长度如何均不得验收。

2. 役前/在役检查阶段记录和验收标准

(1) 如果被怀疑是缺陷显示，不论幅度大小均要记录；

(2) 如果不能确定是几何结构或冶金因素形成的显示，其回波幅度大于或等于 20%DAC 时应记录；

(3) 如果被判定为几何结构或冶金结构显示时，在役前检查时，记录大于或等于 20%DAC 幅值的结构显示；在在役检查时，记录大于或等于 50%DAC 幅值的结构显示。

役前/在役检查时，缺陷记录数据，包括自身高度测量和长度测量值，根据高度和长度的比值关系进行验收。

第二节 不锈钢堆焊层超声检测

在核设备中，为了提高设备的耐腐蚀性，通常在容器的内表面堆焊一层 6～10 mm 厚的不锈钢堆焊层。如整个反应堆压力容器筒体内表面、蒸汽发生器水室内表面和稳压器内表面等均有不锈钢堆焊层。

一、检测技术

“堆焊层超声检测技术一”，用于检测堆焊层结合情况和堆焊层内部缺陷；“堆焊层超声检测技术二”，只用于检测堆焊层结合情况。通常当要求检测堆焊层结合情况或堆焊层内部的缺陷信号时，可以采用堆焊层超声检测技术一；当只要求检测堆焊层结合情况时，可采用堆焊层超声检测技术二。

1. 探头

技术一：双晶纵波直探头和双晶纵波斜探头。如果采用双晶纵波斜探头时，有效焦点应在检测区的中心。

技术二：从堆焊层侧检测，用双晶纵波直探头；从非堆焊层侧检测，用单晶纵波直探头。

2. 试块

试块的材料应与被检对象相同或声学特性相近，并经过相同的热处理，表面粗糙度与被检对象相似。试块应用与产品部件相同的焊接工艺堆焊，最好是在部件材料余料或延伸部分。可以用自动焊堆焊，若由于试块尺寸关系不能用自动堆焊时可以用手工堆焊。

技术一的标定试块，反射体一般包括一个横孔和一个平底孔，并分布在试块上的堆焊层和母材交界面上。堆焊厚度至少应厚于要检测的厚度。母材厚度至少应为堆焊厚度的两倍。见图 6-2。

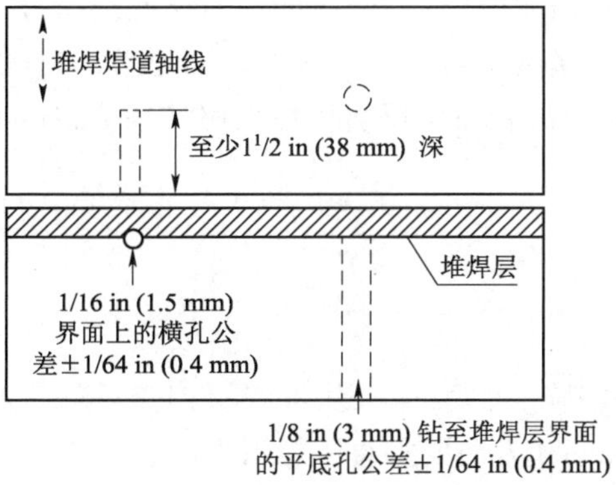

图 6-2　技术一标定试块

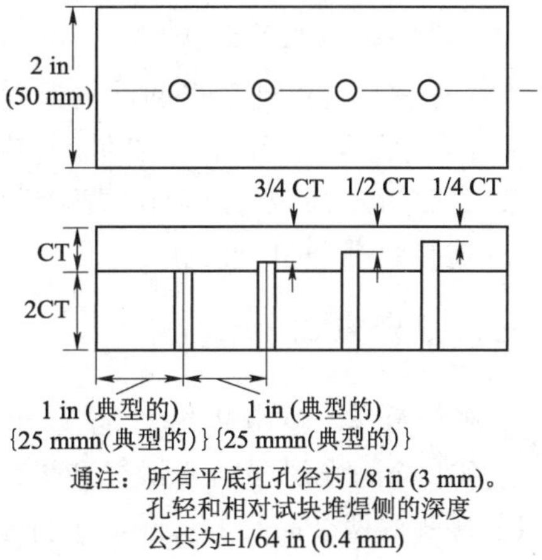

图 6-3　技术一另一种标定试块

技术一的另一种标定试块(共两块),使用不同深度的横孔和平底孔,而横孔和平底孔分别分布在两个不同的试块上。堆焊厚度至少应厚于要检测的厚度。母材厚度至少应为堆焊厚度的两倍。如图 6-3 和图 6-4 所示。

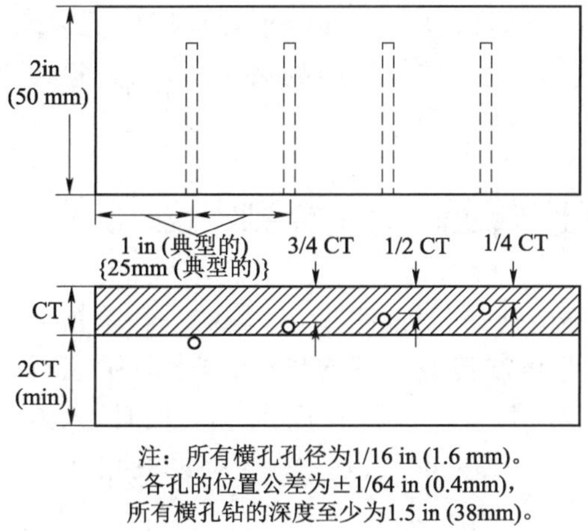

图 6-4　技术一另一种标定试块

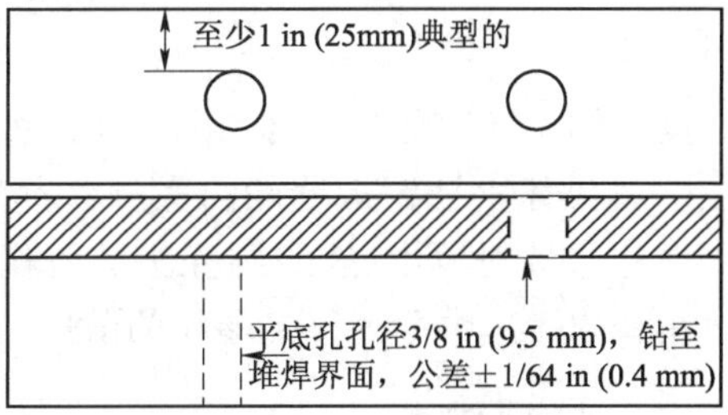

图 6-5　技术二标定试块

技术二的标定试块,使用钻至堆焊层和母材交界面上的平底孔,这些孔可从母材侧或堆焊层侧钻。当从母材检测时,母材厚度与标定试块厚度相差应在 1 in(25 mm)内;当从堆焊层检测时,母材厚度至少应为堆焊厚度的两倍,如图 6-5 所示。

二、灵敏度设置

1. *堆焊层超声检测的灵敏度设置*

技术一:应使用图 6-2、图 6-3 和图 6-4 所示的标定试块进行灵敏度设置。将探头对准试块上的人工反射体。调整增益使回波最强的信号至满屏 80%±5%,图 6-2 试块用单个点设置,而图 6-3 和图 6-4 试块用多个点设置,并以此作为基准灵敏度。

技术二:应使用图 6-5 所示的标定试块进行灵敏度设置。将探头对准试块上的人工反射体,调整增益使回波信号至满屏 80%±5%,并以此作为基准灵敏度。

2. 对于多点设置的方法

将探头放在能得到最强回波的反射体的最大回波位置处，调整增益使该回波信号至满屏 80%±5%，在屏上标出信号的波峰，应以此作为基准灵敏度。不改变仪器增益，将探头放在其余反射体最大回波，分别在屏上标出信号的波峰；将每个反射体最大回波幅值在屏上的标记，并连接绘制 DAC 曲线。

三、扫查方式

1. 堆焊层超声检测技术一

是用来检测堆焊层结合情况和堆焊层内部缺陷。一般探头从堆焊层扫查。探头扫查时，双晶探头的两个晶片的分隔面平行于焊道，并移动方向要垂直于焊道方向。

2. 堆焊层超声检测技术二

只用于检测堆焊层结合情况。检测时，可以从堆焊层侧扫查也可以从非堆焊层侧扫查。扫查时可以平行于焊缝方向也可以垂直于焊接方向移动。

四、记录和验收标准

核电厂役前和在役检查期间，堆焊层位于检测体积以外。如位于堆焊层内的缺陷，其扩展到体积检测范围以内时，则该缺陷的总尺寸应包括堆焊层内的尺寸，将作为验收评判的基础。

第三节 不锈钢管道焊缝超声检测

奥氏体不锈钢焊缝由于无相变点，热处理不能使晶粒细化，所以，晶粒一般是粗大柱状晶粒。奥氏体不锈钢焊缝的粗大柱状晶粒，引起声波传播的各向异性，产生较强衰减和散射。在这些散射波中，返回到探头的就作为林状反射波在仪器上显示出来；而且，入射的超声波在其传播途中受到很多晶粒的散射，常常失去一部分能量，这就是传播的衰减。

一、检测技术

1. 探头

对于奥氏体不锈钢焊缝的超声检测，主要选用纵波检测。而横波探头用来检测母材和热影响区的缺陷。但是晶粒比较细的不锈钢焊缝，横波探头也能有效地检测出缺陷。

对于较厚的焊缝一般采用较低频率，如 1～2 MHz 探头，较薄的焊缝可以采用稍高的频率。

探头采用宽带窄脉冲，探头回波周期数小于 2 个周期。接触法检测时，探头可以采用单晶或双晶探头。

为了提高耦合效果，检测较小直径的不锈钢管道焊缝时，探头接触面尽量加工成与工件轮廓吻合的弧面或用带弧面的楔块。

探头中圆形、方形及矩形晶片的最大有效名义尺寸不应超过表 6-2 中的尺寸。使用较大尺寸探头时，必须通过验证，证明其具有等效的灵敏度。

表 6-2　探头最大名义尺寸

容器壁厚(名义值),in(mm)	探头最大名义尺寸[1],in(mm)
小于 0.5(13)	0.25(6)
0.5(13)至 2.0(51)	0.5(13)

注 1:对一发一收工作模式的双晶探头而言,是指每一晶片各自的尺寸。

探头角度:对横波探头而言,要求声束与内表面法线实际夹角应为 40° 或更大;对纵波探头而言,要求声束与内表面法线实际夹角应为 35° 或更大。

2. 基准试块

基准试块的材料应与被检对象相同或声学特性相近,并经过相同的热处理,表面粗糙度与被检对象相似。

基准试块应该是标称尺寸相同的一段管材,试块材料的曲率应与被检工件保持基本一致。由于奥氏体不锈钢焊缝的特殊性,一般采用带焊缝的基准校准试块,并在焊缝上加工相应的 EDM 槽。

基本试块的外表面和内表面上,应加工周向和轴向切槽,槽的侧边垂直于表面。切槽的反射面与试块表面之间的角度应为 90° ±2° 。对不锈钢焊缝而言,一般采用槽深 d=10%T。

二、灵敏度设置

1. 斜探头灵敏度设置

(1) 用切槽设置灵敏度。标定过程中,找出反射回波最强的切槽的最大回波,调整增益使其峰值达到 80%±5%满屏高。不改变增益,确定其余切槽的回波信号峰值,以绘制距离—波幅曲线。如图 6-6 所示。

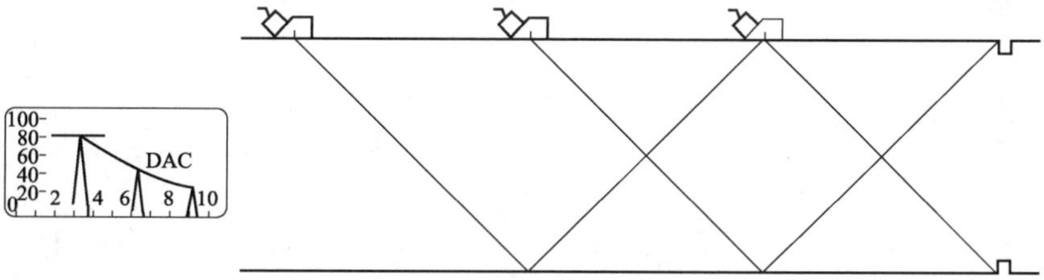

图 6-6　距离—波幅曲线 DAC(槽)

(2) 当由于材料衰减或检测工艺限制而只能进行半 V 字声程校准时,设置灵敏度时应使底面切槽最高回波达 80%±5%满屏高,此时不需要绘制 DAC 曲线。

(3) 若能验证横孔的灵敏度等于或大于切槽的灵敏度,则可用横孔设置灵敏度。

2. 直探头灵敏度设置

当要求增加直探头检测时,需要加工横孔来进行灵敏度设置。

三、扫查方式

轴向扫查:尽量保证检测从焊缝的两侧进行。如果扫查受限,应至少从焊缝的一侧进行。

周向扫查：斜声束周向扫查时，若可行，应从两个方向检测垂直于焊缝的反射体。此时，检测声束应覆盖焊缝以及焊缝两侧各自至少 1/2 in(13 mm)范围内的区域。

四、记录和验收标准

1. 制造、安装阶段记录和验收标准

记录超过 20%DAC 的所有缺陷，并确定所有这些缺陷的形状、性质和位置。其中核安全一级部件管道焊缝的验收标准如下：

(1) 显示波幅超过 DAC，且长度超过下列规定值的缺陷均不得验收：

1) 对于焊缝厚度 t 小于 19 mm，显示波幅大于 100%DAC 且长度大于 6 mm；

2) 对于焊缝厚度 t 为 19～57 mm，显示波幅大于 100%DAC 且长度大于 $t/3$ mm；

3) 对于焊缝厚度 t 大于 57 mm，显示波幅大于 100%DAC 且长度大于 19 mm。

如焊缝为两种不同厚度的板厚，厚度 t 取小值。

(2) 确定显示特征为裂纹、未熔合和未焊透，不论其长度如何均不得验收。

2. 役前/在役检查阶段记录和验收标准

(1) 如果被怀疑是缺陷显示，不论幅度大小均要记录；

(2) 如果不能确定是几何结构或冶金因素形成的显示，其回波幅度大于或等于 20%DAC 时应记录；

(3) 如果被判定为几何结构或冶金结构显示时，在役前检查时，记录大于或等于 20%DAC 幅值的结构显示；在役检查时，记录大于或等于 50%DAC 幅值的结构显示。

役前/在役检查时，缺陷记录数据，包括自身高度测量和长度测量值，根据高度和长度的比值关系进行验收。

第四节 铁素体钢管道焊缝超声检测

一、检测技术

1. 探头

单晶/双晶纵波直探头(0°)、单晶横波斜探头(45°、60°、70°)，频率 1～5 MHz。

2. 试块

槽深度应为 8%T～11%T。一般不用加工焊缝，其余技术要求和不锈钢焊缝试块相同。

二、灵敏度设置

1. 斜探头灵敏度设置

用切槽调整灵敏度。找出反射回波最强的切槽的最大回波，调整增益旋钮使其峰值达到 80%±5%满屏高。需用三点制作距离—波幅曲线(DAC)。应分别对轴向和周向切槽进行标定。

若能验证横孔产生的灵敏度大于或等于切槽的灵敏度，则可用横孔进行标定。

2. 直探头灵敏度设置

当有要求时，应增加直探头进行检测。并用横孔进行标定。

三、扫查方式

超声扫查方式具体如下：

(1) 0°纵波探头对检测区域和斜探头扫查经过的整个区域进行扫查；

(2) 45°斜探头沿垂直于焊缝的两个相反方向(轴向)和平行于焊缝的两个相反方向(周向)进行扫查；

(3) 60°斜探头沿垂直于焊缝的两个相反方向(轴向)进行扫查；

(4) 70°斜探头沿垂直于焊缝的两个相反方向(轴向)进行扫查。

四、记录和验收标准

1. 制造、安装阶段记录和验收标准

记录超过 20%DAC 的所有缺陷，并确定所有这些缺陷的形状、性质和位置。其中核安全一级部件管道焊缝的验收标准如下：

(1) 显示波幅超过 DAC，且长度超过下列规定值的缺陷均不得验收：

1) 对于焊缝厚度 t 小于 19 mm，显示波幅大于 100%DAC 且长度大于 6 mm；

2) 对于焊缝厚度 t 为 19～57 mm，显示波幅大于 100%DAC 且长度大于 $t/3$ mm；

3) 对于焊缝厚度 t 大于 57 mm，显示波幅大于 100%DAC 且长度大于 19 mm。

如焊缝为两种不同厚度的板厚，厚度 t 取小值。

(2) 确定显示特征为裂纹、未熔合和未焊透，不论其长度如何均不得验收。

2. 役前/在役检查阶段记录和验收标准

(1) 如果被怀疑是缺陷显示，不论幅度大小均要记录；

(2) 如果不能确定是几何结构或冶金因素形成的显示，其回波幅度大于或等于 20%DAC 时应记录；

(3) 如果被判定为几何结构或冶金结构显示时，在役前检查时，记录大于或等于 20%DAC 幅值的结构显示；在役检查时，记录大于或等于 50%DAC 幅值的结构显示。

(4) 役前/在役检查时，缺陷记录数据，包括自身高度测量和长度测量值，根据高度和长度比值关系进行验收。

第五节　异种金属焊缝检测

异种金属焊缝是低合金高强度钢容器管嘴与安全端奥氏体不锈钢锻件管段的连接焊缝。为增加低合金钢与奥氏体不锈钢的焊接性能，通常在低合金钢管嘴侧堆焊镍基合金预堆边，再采用不锈钢或镍基合金焊条熔焊连接镍基合金与奥氏体不锈钢锻件，其焊缝基本结构见图 6-7。该焊缝一般在容器制造厂完成焊接。一般来讲，该焊缝的超声检测难度大于一般不锈钢焊

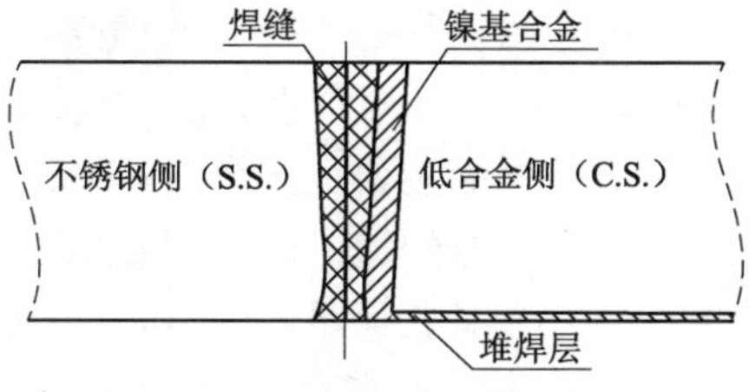

图 6-7　异种金属焊缝示意图

缝，主要是超声波束在传播过程中不仅受焊缝组织晶粒粗大的影响，且在多个焊缝界面会造成超声波束的偏转和畸变。

主要存在的缺陷有气孔、夹渣、裂纹和未熔合等。

一、检测基本要求

1. 检测区域

在制造厂，异种金属焊缝一般使用射线检测，附加超声检测，此时，检测区域包括焊缝及焊缝边沿两侧各 1/2 in 母材的全体积区域。而在核电厂在役检查期间，一般为内壁 1/3 壁厚区域，检测区域如图 6-8 中 *C-D-E-F* 范围。

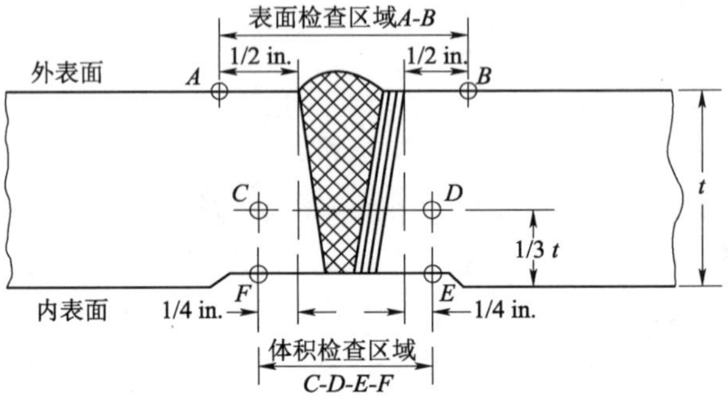

图 6-8 检测区域示意图

2. 检测时机

(1) 在接管终端堆焊镍基合金预堆边后，应对预堆边进行超声检测，检测要求与堆焊层的检测相同，尤其关注结合面上的缺陷，一般采用 0° 探头进行检测；

(2) 焊缝坡口加工完成后，应对焊缝坡口实施表面检测。通常采用渗透检测方法；

(3) 制造期间，焊接完成后，需采用射线检测方法对检测区域实施体积检测；

(4) 当制造过程中要求附加超声检测时，一般要求需从内、外表面实施检测。

二、检测技术

1. 探头

异种金属焊缝由于焊缝组织对于超声波的各向异性，导致检测灵敏度下降以及假缺陷显示。因此针对异种金属焊缝的超声探头选取原则，应注意以下几点：

(1) 为提高超声检测的信噪比和分辨率，通常要求采用宽频窄脉冲双晶探头，探头回波周期数应小于 2 个周期，频带宽度应大于 65%；

(2) 焊缝主要选用纵波单晶或双晶探头检测；热影响区补充横波探头检测；

(3) 较厚焊缝一般采用较低频率探头，如 1 MHz；较薄的焊缝可以采用稍高的频率；

(4) 为了获得足够的能量，对较深的检测区域，探头晶片尺寸需要足够大；

(5) 为了提高耦合效果，探头接触面尽量加工成与工件轮廓相吻合的弧面或用带弧面的楔块；

(6) 如受检对象检测厚度大，应考虑采用不同聚焦深度和不同角度的探头分区进行检测。

检测区域的分层按厚度方向分为多层，分别利用不同的探头进行检测。

2. 对比试块

对比试块一般应带有与受检部件一致(包括坡口形式、焊接工艺、热处理工艺等)的焊缝结构。

根据受检焊缝的实际壁厚确定反射体的尺寸。在焊缝及两侧母材刻有不同深度的横孔和切槽，孔径按照壁厚多少确定，槽深为10%壁厚。

三、灵敏度设置

1. 斜探头灵敏度设置

应分别用轴向和周向切槽进行灵敏度设置。若横孔的灵敏度等于或大于切槽的灵敏度，则可用横孔来设置灵敏度。

2. 直探头灵敏度设置

直射波检测时，用横孔进行灵敏度设置。

四、记录和验收标准

1. 制造、安装阶段记录和验收标准

记录超过 20%DAC 的所有缺陷，并确定所有这些缺陷的形状、性质和位置。其中核安全一级部件管道焊缝的验收标准如下：

(1) 显示波幅超过 DAC，且长度超过下列规定值的缺陷均不得验收：

1) 对于焊缝厚度 t 小于 19 mm，显示波幅大于 100%DAC 且长度大于 6 mm；

2) 对于焊缝厚度 t 为 19～57 mm，显示波幅大于 100%DAC 且长度大于 $t/3$ mm；

3) 对于焊缝厚度 t 大于 57 mm，显示波幅大于 100%DAC 且长度大于 19 mm。

如焊缝为两种不同厚度的板厚，厚度 t 取小值。

(2) 确定显示特征为裂纹、未熔合和未焊透，不论其长度如何均不得验收。

2. 役前/在役检查阶段记录和验收标准

(1) 如果被怀疑是缺陷显示，不论幅度大小均要记录；

(2) 如果不能确定是几何结构或冶金因素形成的显示，其回波幅度大于或等于20%DAC 时应记录；

(3) 如果被判定为几何结构或冶金结构显示时，在役前检查时，记录大于或等于20%DAC 幅值的结构显示；在役检查时，记录大于或等于 50%DAC 幅值的结构显示。

在役检查时，缺陷记录数据应包括自身高度测量和长度测量值，根据高度和长度的比值关系进行验收。需要强调的是，位于不锈钢侧的缺陷验收标准与位于铁素体钢侧的验收标准不同。不锈钢侧缺陷参照不锈钢管道役前/在役检查验收标准执行，铁素体钢侧参照铁素体管道役前/在役检查验收标准执行。应根据缺陷所在的具体位置，选择相应的验收标准。

思考题

1. 简述核设备焊缝超声检测的基本要求和记录、验收标准。
2. 简述核级不锈钢堆焊层超声检测的基本要求和记录、验收标准。
3. 简述核级不锈钢管道焊缝超声检测的基本要求和记录、验收标准。
4. 简述核级铁素体管道焊缝超声检测的基本要求和记录、验收标准。
5. 简述核级异种金属焊缝超声检测的基本要求和记录、验收标准。

第七章　超声检测工艺文件

第一节　工艺规程

工艺规程是根据相关法规、安全技术规范、产品标准、有关的技术文件和相关检测标准要求，并针对检测机构的特点和检测能力而编制的技术文件。它应涵盖本单位（制造、安装或检测单位）产品（或检测对象）的检测范围。工艺规程一般以文字说明为主，检测对象一般为某类工件，它应具有一定的覆盖性和通用性，至少应包括以下内容：

（1）工艺规程编号及版本号。

（2）适用范围。

（3）依据标准、法规或其他技术文件。

（4）检测人员资格要求。

（5）检测设备和器材（仪器型号、探头规格、耦合剂、试块种类，仪器和探头性能检测等），以及检定、校准或核查的要求及运行核查的项目、周期和性能指标。

（6）工艺规程涉及的相关因素及其范围。

（7）检测对象（承压设备类别，检测对象的名称、规格、材质和热处理状态、检测部位等）的检测技术（直/斜探头检测、直接接触法和液浸法等）和检测工艺（扫查方向及扫查范围、缺陷定量方法、检测记录和评定要求、检测示意图等）选择，以及对操作指导书的要求。

（8）检测实施要求：检测时机、检测前的表面准备要求、检测标记、检测后处理要求等。

（9）检测结果的评定和质量分级。

（10）检测记录的要求。

（11）检测报告的要求。

（12）编制者（级别）、审核者（级别）和批准者。

（13）编制日期。

超声检测规程示例

示例：某核电厂大修期间，核 2 级奥氏体不锈钢管道主要四种规格，管道的直径在 150～500 mm，母材厚度 25～40 mm。要求在管道外表面对其对接焊接接头进行超声检测。

某核电厂核 2 级奥氏体不锈钢管道对接接头超声检测规程

编制：	×××	日期：	×××
审核：	×××	日期：	×××
批准：	×××	日期：	×××
公司：	×××		

一、适用范围

本程序适用于核电机组材料为奥氏体不锈钢核 2 级辅助管道对接接头手动超声检测。被检管道的直径在 150～500 mm,母材厚度 25～40 mm。

二、引用文件

1) ASME BPVC 第 XI 卷(1998 年版)×××
2) ASME BPVC 第 V 卷(1998 年版)×××
3) HAF 601×××
4) HAF 602×××
5) NB/T 47013.3—2015
6) ××××-××××设计规划书

三、人员资格要求

1) 检测人员应符合 HAF602 的相关要求;
2) Ⅱ级超声检测人员负责检测的实施。Ⅱ级或Ⅲ级人员,负责检测结果的解释和检测报告的编写和签发。

四、设备器材

超声检测设备器材包括:
(1) 超声仪器
采用 A 型脉冲反射式超声波检测仪(如 CTS-22 型模拟式超声检测仪、CTS-4020 数字式超声检测仪或等同设备。仪器的频率范围至少为 1～5 MHz,垂直线性误差小于 5%,水平线性误差小于 1%。
(2) 探头
检测探头见表 7-1。

表 7-1 探头

序号	探头规格	折射角度	类型	焦点深度	用途
1	TRCr2-St 2(6×13)	/	爬波	10 mm	检测近表面区域
2	TRCr4-St 2(6×13)	/	爬波	20 mm	检测近表面区域
3	2 MHz 8×13	45	TRL	30 mm	检测中部、底部区域
4	1.5 MHz 13×16	60	TRL	25 mm	检测中部、底部区域
5	2 MHz 13×16	45	TRL	40 mm	检测中部、底部区域
6	2 MHz ϕ10	/	直探头	/	母材扫查,辅助定性

(3) 试块
1) 标准试块:标准试块采用 CSK-ⅠA。

2）对比试块

其材料和热处理状况、尺寸应与受检焊缝相同，试块扫查表面粗糙度 R_a 不低于 6.3 μm。对比试块共 2 件(RB-1、RB-2)。

① 人工槽：深度 2%T，长度 25 mm；内外壁，纵向、横向；

② 横孔：直径 3 mm，深度 $T/4$、$T/2$ 和 3/4 T，纵向分布在母材、焊缝熔合线和焊缝中心线上。

(4) 耦合剂

甘油或符合要求的其他耦合剂。耦合剂中 F^-+Cl^-含量不允许超过 200 ppm。

五、检测区域

对焊接接头进行全体积检测。检测区域包括焊缝，热影响区及临近母材。热影响区宽度为焊缝边缘两侧各为 13 mm。

六、检测准备

超声检测前应完成的准备工作包括以下内容：

(1) 确认焊缝识别标识；被检部位应有或能确定定位标识。如果没有标识应以低应力钢印打上永久标识或参照某些固定参照物作为标识，并予以记录；

(2) 工件表面，探头移动区域(1 KT+75 mm)应打磨平整，表面粗糙度 R_a 不低于 6.3 μm；

(3) 其他条件：环境、光照、温度及可达性条件保证。

七、检测系统的设置和复验

对超声检测系统的设置和复验包括以下要求：

(1) DAC 曲线的绘制；

(2) 检测开始前和检测结束后对扫描线性和灵敏度的复验；

(3) 每隔 4 h 或检测人员变更后对扫描线性和灵敏度的复验；

(4) 异常情况的处理：声程范围变化应重新复验；如果灵敏度变化高于 2 dB 应对灵敏度重新复验，并在记录上注明；如果灵敏度降低了 2 dB 应对灵敏度重新复验，并自上次有效复验以来的记录作废，对记录所覆盖的部分重新检测；

(5) 其他，如同心电缆更换，仪器关停后应复验。

八、检测技术及操作步骤

超声检测技术及操作步骤如下：

(1) 检测时，采用至少一个爬波探头，至少两个角度(至少相差 15°)的纵波斜探头在管道外表面焊缝两侧受检区域进行轴向扫查和周向扫查；

(2) 对于轴向扫查与周向扫查，应分别采用相应的试块和参考反射体进行标定；

(3) 一般情况下，扫查灵敏度应高于记录灵敏度 6 dB。在信噪比不允许的情况下，可将噪声信号调整到满屏的 10%～15%，但不得低于记录灵敏度扫查；

(4) 受检区域，均应从 2 个相反方向进行扫查；

(5) 探头的扫查要求。

探头的扫查速度为 50～100 mm/s，相邻两次扫查至少应覆盖晶片尺寸的 50%。

九、测量与显示记录

达到或超过 ϕ3-14 dB 的显示，应测定其幅度、位置、尺寸和取向，并予以记录。

(1) 显示幅度应以 $\phi3\pm\Delta$dB 数表示；

(2) 显示的位置包括端点坐标，波幅最大点坐标，深度坐标等；

(3) 尺寸：指示长度用 20%DAC 法测定；指示高度用 20%DAC 法/最大波幅降落 6 dB 法测量(但应注明采用何种方法)。但超过记录灵敏度的点状显示(长度 10 mm 以下，且无明显可测高度在声束高度范围内)，不作指示长度和指示高度的测量，在报告中记为点状显示；

(4) 如果发现低于记录灵敏度的显示或未发现显示，应在检查结果评定表上记录为 NTR；

(5) 对于邻近底面的反射信号，当确认是显示信号时，反射信号幅度值与试块底面标准槽的幅度值相比较进行评定。

十、验收标准

根据设计规范书和相关标准，以下缺陷拒收：平面显示：裂纹、未熔合、未焊透等危险性缺陷。体积性缺陷长轴的长度 $L\geqslant1/3$ 壁厚。

十一、检测后清理

检测后，耦合剂应从表面被擦除干净。检测时应用的附加标记应清除。

十二、检测报告

超声检测报告，至少包括下列信息：

(1) 所用超声程序编号

(2) 检测设备和器材(仪器及编号、探头及编号、试块及编号、耦合剂牌号/批号、探头线类型/长度)；标定数据(包括次数、时间、温度等)

(3) 检测区域的标识

(4) 扫查表面(包括表面状况)

(5) 表面条件

(6) 检测区域和扫查示意图

(7) 扫查灵敏度、记录灵敏度

(8) 被检显示的记录(非拒收信号、拒收信号)

(9) 验收及结论

(10) 不可达区域的记录和图示

(11) 检测人员及其资格，签名(编、审、批)

(12) 检测日期和时间

(13) 报告编制日期和时间

第二节 工艺卡

工艺卡是具体产品检测作业的指导性文件。一般用表、卡的形式。它是针对某一具体产品或产品上某一部件,依据超声检测通用工艺规程、被检工件的技术要求和检测标准而专门制定的有关检测技术细节和具体参数的工艺文件。工艺卡应包括以下内容:

(1) 工艺卡编号:应根据有关程序文件的规定编制。

(2) 产品部分:产品名称和编号,制造、安装或检测编号,设备类别、规格尺寸、材料牌号、热处理状态及表面状况。

(3) 检测设备与材料:仪器型号和编号、探头规格参数、试块和耦合剂。

(4) 检测工艺参数:检测方法、检测比例、检测部位、仪器时基线比例和检测灵敏度调整等。

(5) 检测技术要求:执行标准、验收级别。

(6) 检测部位示意图。

(7) 编制人员(级别)、审核人(级别)和批准人。

(8) 编制日期。

实施超声检测的人员应按检测工艺卡进行操作。

超声检测工艺卡的编制、审核应符合相关法规、安全技术规范或技术标准的规定。核设备超声检测工艺卡的格式示例见表 7-2。

表 7-2 核设备超声检测工艺卡

产品名称		承压热交换器	产品编号	2009 HEX001
工件	部件名称	筒体板材	规格尺寸	10 000 mm×5 000 mm×45 mm
	部件编号	/	检测内容	板材
	材料牌号	16MnR	坡口型式	/
	检测时机	原材料入厂检测	焊接方法	/
	热处理状态	供货状态	表面状态	轧制表面
仪器探头参数	仪器型号/编号	CTS-26/UT-008	探头型号	2.5P20N
	试块种类	CBII-2	试块编号	SB—2009-003
	耦合剂	水	检测技术	手动单探头直射波接触法
	扫查方式	100 mm 列线扫查(板材 50 mm 及坡口线两侧 50 mm 全面扫查)	扫查要求	探头扫查速度不大于 150 mm/s
	扫查面	有编号的轧制面	表面补偿	4 dB
	扫描线调节	声程 1:2	检测灵敏度	ϕ5 平底孔一次波高 50%
技术要求	检测标准	NB/T 47013.3—2015	检测比例	100%
	验收标准	NB/T 47013.3—2015	验收等级	Ⅱ级

续表

<table>
<tr><td colspan="2">产品名称</td><td colspan="2">承压热交换器</td><td>产品编号</td><td>2009 HEX001</td></tr>
<tr><td colspan="4">检测部位示意图
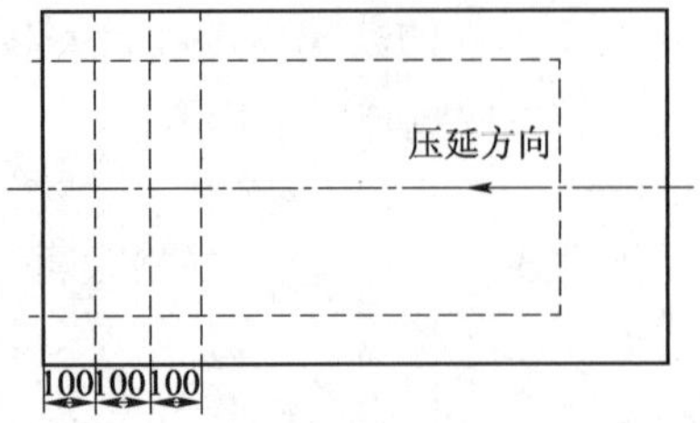</td><td colspan="2">操作步骤:
1) 核对工件编号、测量被检工件外形尺寸、进行检测表面准备、记录仪器、探头、试块和耦合剂等型号和编号信息;
2) 连接电缆、超声波探头和仪器;
3) 系统调整:时基线调整和灵敏度设置(略);
4) 试件扫查要求(略);
5) 缺陷测量和记录(略);
6) 灵敏度复验;
7) 操作现场清理与恢复。</td></tr>
<tr><td>编制(级别)</td><td>×××/UT-Ⅱ</td><td>审核(级别)</td><td>×××/UT-Ⅱ</td><td>批准</td><td>×××</td></tr>
<tr><td>日期</td><td>×××</td><td>日期</td><td>×××</td><td>日期</td><td>×××</td></tr>
</table>

第三节 检测报告

无损检测报告至少应包括以下内容:

(1) 委托单位。

(2) 检测技术要求:执行标准和合格级别。

(3) 检测对象:承压设备类别,检测对象的名称、编号、规格尺寸、材质和热处理状态、检测部位和检测比例、检测时的表面状态、检测时机等。

(4) 检测设备和器材:仪器型号及编号、探头、试块、耦合剂。

(5) 检测工艺参数。

(6) 检测部位示意图:检测部位、检测区域以及所发现的缺陷位置、尺寸和分布。

(7) 检测结果和检测结论。

(8) 编制者(级别)、审核者(级别)和批准者。

(9) 编制日期。

核设备役前和在役检查期间的超声检测报告格式示例见表 7-3 超声检测结果单、表 7-4 超声检测操作条件表和表 7-5 超声检测报告单。

表 7-3 超声检测结果单

<table>
<tr><td>检查类型</td><td></td><td colspan="3">超声检测结果单</td><td>编号:</td></tr>
<tr><td>电站名称</td><td></td><td>机组</td><td></td><td>安全等级</td><td></td></tr>
<tr><td>设备/系统名称</td><td colspan="2"></td><td>设备/系统编号</td><td colspan="2"></td></tr>
<tr><td>受检对象名称</td><td colspan="2"></td><td>受检对象编号</td><td colspan="2"></td></tr>
<tr><td colspan="6">检测程序及版本:</td></tr>
</table>

续表

被检物项标识	焊缝类型	直径/厚度	结果	报告号	检测日期	姓名	签名

备注：

意见(检测单位)：				评述(业主)：			
	审核/级别	签字	日期		姓 名	签字	日期
检测单位				业主			

检测单位		页数：

表 7-4 超声检测操作条件表

检查类型：	超声检测操作条件表		编号：
电站名称：	机组：		安全等级：
设备/系统名称		设备/系统编号	
受检对象名称		受检对象编号	

检测程序及版本：

超声仪器		耦合剂	探头					
型号	编号		探头号	波型	折射角(°)	直径(mm)	频率(MHz)	焦点(mm)

超声仪器		探头特性				试块编号
编号		编号				参考试块： 标准试块：
垂直线性		入射点 (mm)				试块温度(℃)： 部件温度(℃)：
水平线性		折射角(°)				

扫查方向示意图

意见(检测单位)：	评述(业主)：

	检测人员/级别	审核/级别	批准
姓　名			
签　名			
日　期			

检测单位		页数：

表 7-5　超声检测报告单

<table>
<tr><td colspan="2">检测类型：</td><td colspan="2">超声检测报告单</td><td>编号：</td></tr>
<tr><td>电站名称：</td><td colspan="2">机组：</td><td colspan="2">安全等级：</td></tr>
<tr><td>设备/系统名称</td><td colspan="2"></td><td>设备/系统编号</td><td></td></tr>
<tr><td>受检对象名称</td><td colspan="2"></td><td>受检对象编号</td><td></td></tr>
<tr><td colspan="5">检测程序及版本：</td></tr>
</table>

<table>
<tr><td rowspan="3">显示编号</td><td colspan="3">探　头</td><td colspan="8">缺陷特性</td><td colspan="3">缺陷位置(最大幅值处)</td><td rowspan="3">备注</td></tr>
<tr><td rowspan="2">编号</td><td rowspan="2">波型</td><td rowspan="2">折射角(°)</td><td rowspan="2">Hm/Ho (dB)</td><td rowspan="2">缺陷类型</td><td colspan="3">长度</td><td colspan="3">高度</td><td rowspan="2">X (mm)</td><td rowspan="2">Y (mm)</td><td rowspan="2">d (mm)</td></tr>
<tr><td>$L1$ (mm)</td><td>$L2$ (mm)</td><td>ΔL (mm)</td><td>$D1$ (mm)</td><td>$D2$ (mm)</td><td>ΔD (mm)</td></tr>
<tr><td></td><td></td><td></td><td></td><td></td><td></td><td></td><td></td><td></td><td></td><td></td><td></td><td></td><td></td><td></td><td></td></tr>
<tr><td></td><td></td><td></td><td></td><td></td><td></td><td></td><td></td><td></td><td></td><td></td><td></td><td></td><td></td><td></td><td></td></tr>
<tr><td></td><td></td><td></td><td></td><td></td><td></td><td></td><td></td><td></td><td></td><td></td><td></td><td></td><td></td><td></td><td></td></tr>
<tr><td></td><td></td><td></td><td></td><td></td><td></td><td></td><td></td><td></td><td></td><td></td><td></td><td></td><td></td><td></td><td></td></tr>
<tr><td></td><td></td><td></td><td></td><td></td><td></td><td></td><td></td><td></td><td></td><td></td><td></td><td></td><td></td><td></td><td></td></tr>
<tr><td></td><td></td><td></td><td></td><td></td><td></td><td></td><td></td><td></td><td></td><td></td><td></td><td></td><td></td><td></td><td></td></tr>
<tr><td></td><td></td><td></td><td></td><td></td><td></td><td></td><td></td><td></td><td></td><td></td><td></td><td></td><td></td><td></td><td></td></tr>
</table>

备注：

<table>
<tr><td></td><td colspan="2">检测人员/级别</td><td>审核/级别</td><td colspan="2">批准</td></tr>
<tr><td>姓　名</td><td colspan="2"></td><td></td><td colspan="2"></td></tr>
<tr><td>签　名</td><td colspan="2"></td><td></td><td colspan="2"></td></tr>
<tr><td>日　期</td><td colspan="2"></td><td></td><td colspan="2"></td></tr>
<tr><td>检测单位</td><td colspan="4"></td><td>页数：</td></tr>
</table>

思考题

1. 什么是工艺规程?它包含哪些内容?
2. 什么是工艺卡?它包含哪些内容?
3. 检测报告包含哪些内容?

第八章　超声检测新技术、新知识和新工艺

随着计算机技术和信号处理技术的飞速发展，超声检测技术正朝自动化、图像化、数字化的方向发展。由于压电复合材料、纳秒级脉冲信号控制、数据处理分析、软件技术和计算机模拟等高新技术在成像领域的综合应用，使得自动超声成像检测技术和相控阵等检测技术快速发展，并在核电无损检测领域广泛运用。这些技术不仅可以通过图像来展现内部缺陷，而且可以利用现代数字信号处理技术来进行缺陷的定性、定量和评价。

第一节　自动超声成像检测技术

一、概述

自动超声成像检测技术是将自动检测技术和超声成像方法相结合的一种新技术，是指采用自动扫查装置，在检测过程中自动记录声束位置信息，自动采集和记录超声信号，并通过计算机对数据进行处理成像，然后进行分析的检测方式。其被广泛应用于核电厂役前和在役检查的设备和管道焊缝的超声检测。

自动超声成像检测的主要特点有：

(1) 可提高批量检测的工作效率，降低操作人员的劳动强度。

(2) 可减少人因因素造成的缺陷漏检，提高检测结果的可靠性。

(3) 可增加特殊条件下超声检测的可达性。

(4) 可实现多探头同时进行数据采集，有效地提高超声检测的效率。通过多探头和多方向的超声数据的综合分析，便于对缺陷的分析判定。

(5) 通过数据成像可较直观地显示缺陷图像，有利于缺陷显示信号的特征分析、尺寸测量和定位。

(6) 超声数据便于储存，方便后续超声数据的重新分析和历次检测结果比对。

二、自动超声成像检测系统的组成

自动超声检测系统一般由机械扫查装置、自动运动控制器、耦合剂供给系统、多通道超声波仪器、专用超声波探头、电缆以及音频通讯/视频监控系统等组成。自动超声检测系统的主要组成如图 8-1 所示。

三、机械扫查装置

机械扫查装置一般至少包括两种运动：扫查运动和步进运动。要求扫查移动速度可调；探头与工件表面接触力保持恒定；并具有探头坐标位置信号反馈，即编码器信号能输入到超声波数据采集仪器。比较常见的有多轴运动机械扫查装置，如：反应堆压力容器检查机；两

轴运动机械扫查装置，如管道焊缝扫查器。

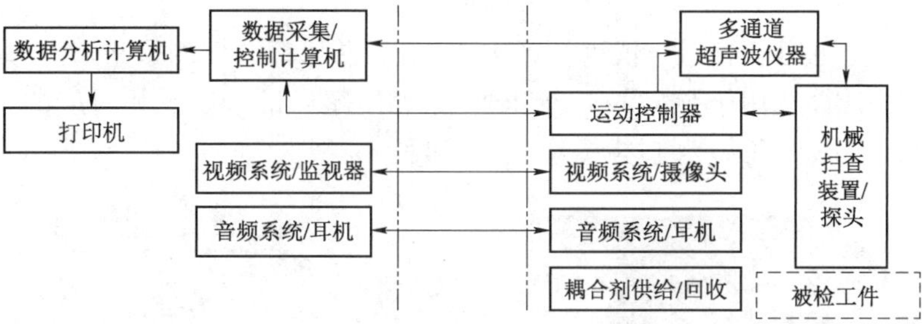

图 8-1　自动超声检测系统示意图

1. 反应堆压力容器检查机

通常安装在反应堆压力容器法兰面上，从反应堆压力容器内部实施水下超声检测。检测范围包括：法兰螺纹孔联系带、筒体焊缝、底封头焊缝、进出口接管内圆角区、进出口接管与筒体连接焊缝、进出口接管与安全端焊缝以及安全端与主管道焊缝等。采用垂直于焊缝(轴向)扫查和平行于焊缝(周向)扫查。

2. 管道焊缝扫查器

管道焊缝扫查器，可以实现对管道焊缝的轴向和周向扫查，通常包括沿管道轴向方向的直线运动和沿管道周向方向的旋转运动。管道焊缝扫查器如图 8-2 所示。

图 8-2　管道焊缝扫查器

四、超声波仪器

超声波仪器要求包括：具有多通道功能；具有两路编码器输入功能，扫查和步进运动位置反馈；能对超声信号进行滤波等处理；能通过网络与采集计算机进行实时数据传输。

五、探头

自动超声检测用探头一般要求接触面要耐磨，不能对被检工件产生腐蚀和损伤；探头要有安装孔，宜于安装在扫查器上；探头具有耦合剂供给槽。

六、耦合剂

为了便于去除，通常采用去离子水作为耦合剂，并带有耦合剂收集容器。

七、数据采集/分析计算机

数据分析计算机用于对超声仪进行超声参数设置,执行数据的采集,并对超声数据进行存储。数据分析计算机用于数据的处理和成像,利用超声信号以及相对应的位置信息进行图像重构,形成 A、B、C 和 D 型扫描图像显示(如图 8-3 所示)。

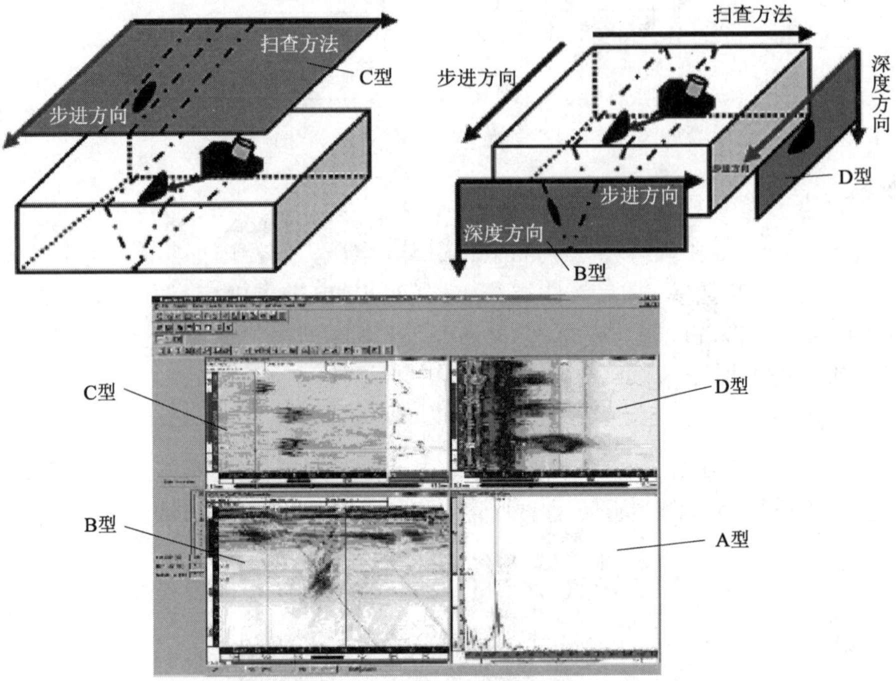

图 8-3 A/B/C/D-型扫描图像显示示意图

A 型扫描图像显示的是超声信号幅值与传播距离的对应关系;B 型扫描图像所显示的是与声束传播方向平行且与工件扫查表面垂直的剖面;C 型扫描图像所显示的是工件的横断面;D 型扫描图像所显示的是与声束传播方向和工件扫查表面都垂直的剖面。

八、扫查方式

超声自动检测的扫查方式通常分为垂直于焊缝扫查(又称轴向扫查)和平行于焊缝扫查(又称周向扫查)。如图 8-4 所示。

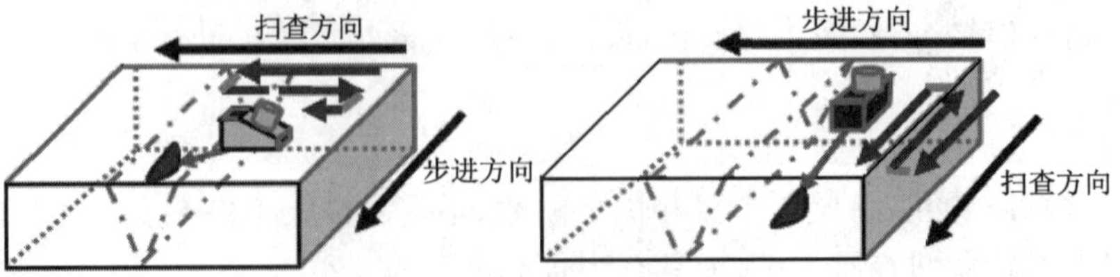

(a) (b)

图 8-4 自动检测的扫查方式

(a) 轴向扫查方式;(b) 周向扫查方式

垂直于焊缝扫查：探头沿着垂直于焊缝方向作扫查运动，到达终点时，探头再沿着平行于焊缝方向作步进运动，再继续扫查和步进，直到整个焊缝扫查完成。扫查长度必须要覆盖整个检测区域；步进长度通常为探头晶片尺寸的50%。

平行于焊缝扫查：首先探头沿着平行于焊缝方向作扫查运动，然后到达终点时，探头再沿着垂直于焊缝方向作步进运动，再继续扫查和步进，直到整个焊缝扫查完成。扫查长度可以根据需要分段进行；步进长度通常为探头晶片尺寸的50%，直到覆盖整个检测区域。

由于多通道超声波仪器可以多探头同时工作，进行自动超声检测时，可对多个探头进行超声数据采集。

第二节　相控阵超声检测技术

一、概述

近20年来，随着复合压电晶片材料、脉冲信号控制以及信号处理分析技术的不断发展，相控阵超声技术以其优越的性能越来越引起人们的重视，超声相控阵技术逐渐应用于工业无损检测，特别是在核工业及航空工业等领域。

二、相控阵超声技术原理

相控阵超声技术的设计基于惠更斯原理，通过控制相控阵探头上每个独立细小晶片的激发和接收时序，在不同的时间内相继激发阵列探头中的各个单元，各个晶片激发的波有先后，这些波的叠加形成新的波前，因此可以将超声波的波前聚焦并控制到一个特定的方向，以不同角度辐射超声波束，实现不同的声波特性，如：声束方向、焦点位置和焦点尺寸等。

相控阵探头其实就是由许多细小的探头晶片组成的一维或两维的阵列。通过控制相控阵探头上每个独立细小晶片的延迟时间，使各个晶片在不同的时间被激发，从而获得不同方向或不同焦点位置或不同焦点尺寸的声束。

1. 相控阵超声探头的组成

相控阵超声探头由多个相互独立的压电晶片组成阵列，每个压电晶片都可以独立接受信号控制(脉冲和时序)，即一个相控阵探头相当于多个常规探头组合而成，如图8-5所示。

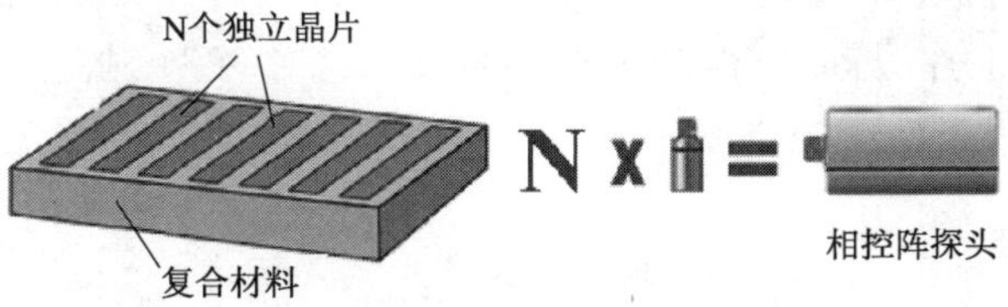

图8-5　相控阵超声探头的组成

相控阵激发的超声波进入材料后，仍然遵循超声波在材料中的传播规律，回波信号被进行了时间同步延迟后的各晶片所接收，然后通过相控阵单元进行叠加，最后形成最终的回波信号给信号采集单元，如图8-6所示。

对于常规超声检测应用的频率、聚焦、入射角、回波幅度与定位等等，相控阵超声检测也同样适用。

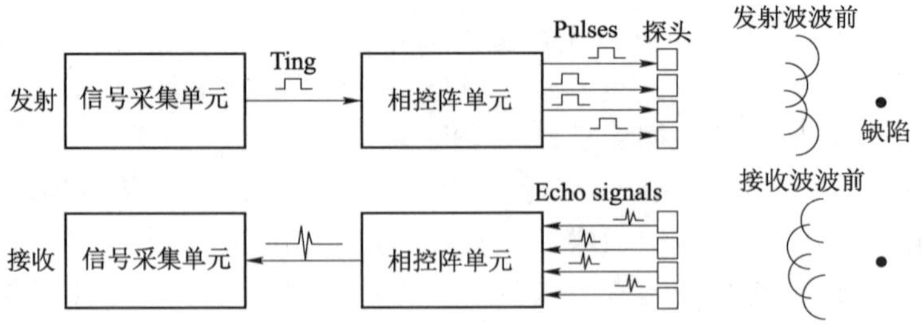

图 8-6 相控阵原理示意图

2. 相控阵超声技术的声束控制方式

相控阵超声技术对超声波声束的控制有以下几种方式：

(1) 声束角度控制

声束角度的控制是通过叠加声波波前的形式实现的。同时激发一个一维线性相控阵探头上的所有晶片，那么每个晶片发射出的声波波前与发射晶片的距离相等，叠加后的声波波前平行于探头的晶片表面，声场情况与一个有同样面积的单晶片直探头产生的声场十分类似，如图 8-7a 所示。

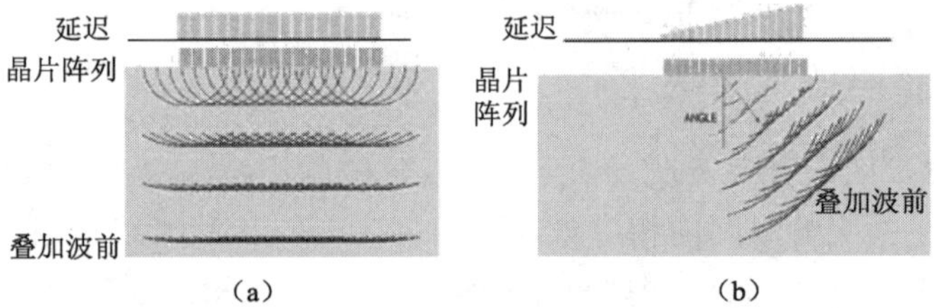

图 8-7 声束角度控制

相控阵控制单元能够以不同的延迟时间按顺序的一个接一个的激发阵列中的晶片。按顺序被激发的每一个晶片会发射出声波，在某一时刻，叠加后的声波波前将不再平行于探头的晶片表面，而是与晶片表面成一定的夹角，这一声场情况与一个有同样面积的单晶片斜探头产生的声场十分类似，如图 8-7b 所示。通过改变每个晶片的激发时序时间，就可以得到与晶片表面成不同夹角的叠加波前。

(2) 声束聚焦控制

调整晶片的激发时序时间，可以产生聚焦声束。这时，每个独立的声波波前叠加后的趋势是向着焦点处聚焦，当精确控制激发的时序时间后，将会使波束聚焦在想要的焦点上，如图 8-8 所示。

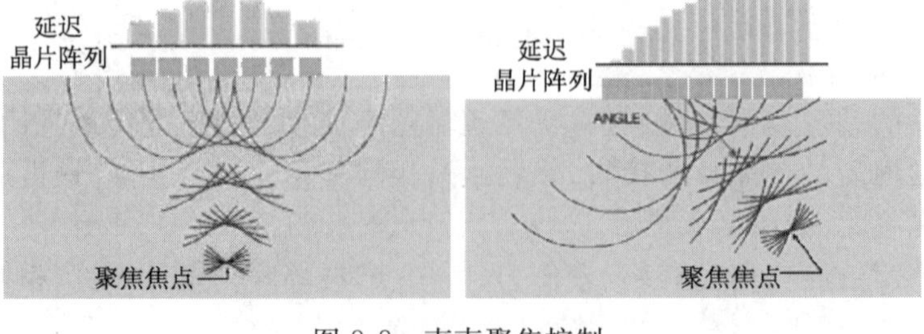

图 8-8 声束聚焦控制

三、相控阵超声技术常用检测模式

相控阵超声检测仪、相控阵超声探头以及安装有相控阵软件的计算机构成了相控阵超声系统，最常用的相控阵超声检测模式有以下三种：

1. 扇形扫查检测模式

是目前应用最为广泛的一种模式，是通过电路控制产生不同的激发脉冲延迟序列，得到不同角度的声束，这样就可以在不移动探头的情况下对某一区域完成多个角度声束的扇形扫查。相控阵超声扇形扫查检测模式，如图 8-9 所示。

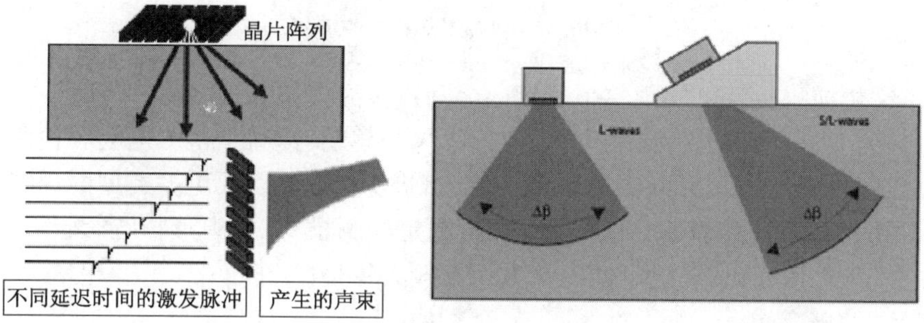

图 8-9　扇形扫查检测模式

2. 线性扫查检测模式

当相控阵探头晶片阵列的晶片数较多时，通过电路控制依次激发晶片的次序，可以在不移动探头的情况下，产生沿着探头晶片阵列方向不断移动的超声波声束。相控阵超声线性扫查检测模式如图 8-10 所示。

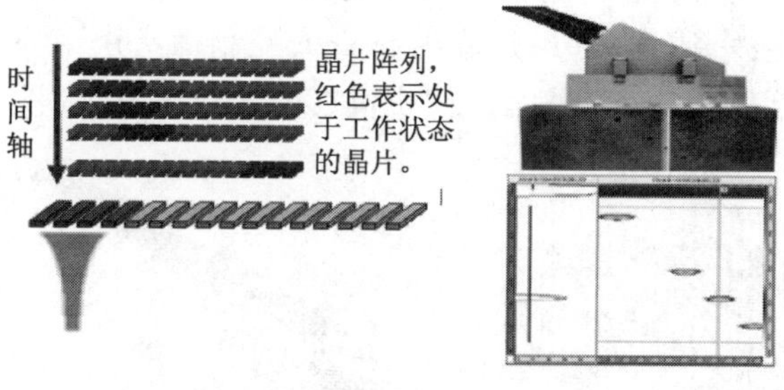

图 8-10　线性扫查检测模式

3. 动态聚焦检测模式

在动态聚焦时，电路分时段控制接收延迟，使接收在一个深度范围内依次由浅到深地进行聚焦，这样声波在整个深度范围内都能较好地聚焦。相控阵超声动态聚焦检测模式如图 8-11 所示。

四、相控阵超声检测技术优点

相控阵超声检测技术具有如下优点：

(1) 一个相控阵探头可以代替十几个传统的超声探头；

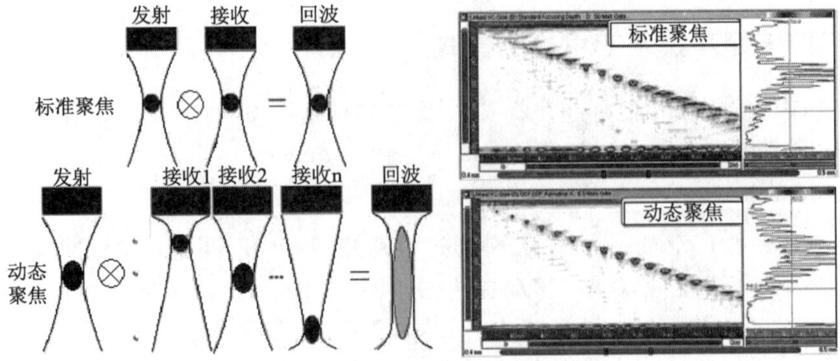

图 8-11 动态聚焦检测模式

(2) 不需更换探头就可实现整个体积的多角度多方向扫查;

(3) 扇形扫查、线性扫查可以不移动或减少探头移动,提高了检测速度和检测效率;

(4) 检测灵活性更强,可以检测厚大工件、形状复杂工件以及更多类型的焊缝和结构;

(5) 利用相控阵超声技术,用户可以自行制定检测模式,如扇形扫查、线性扫查和变焦扫查等,在分辨力、信噪比、缺陷定性定量方面有较大优势。

五、相控阵超声检测技术应用

1. 汽轮机转子叶片叶根超声检测

电厂汽轮机转子叶片叶根由于其外形结构限制和检测空间位置狭小的原因,使用常规超声探头难以进行有效的全齿检测。

根据汽轮机转子叶片叶根的型式不同,常规超声技术一般采用横波探头或表面波探头对叶根的第一齿进行检测,且检测深度有限,因此检测范围有很大的局限性。使用相控阵超声技术后,发挥相控阵技术的优势,通过扇形扫查或控制探头声束宽度及角度,突破了这一局限性,既保证了检测范围和声束可达性,又提高了检测可靠性(如图 8-12 所示)。

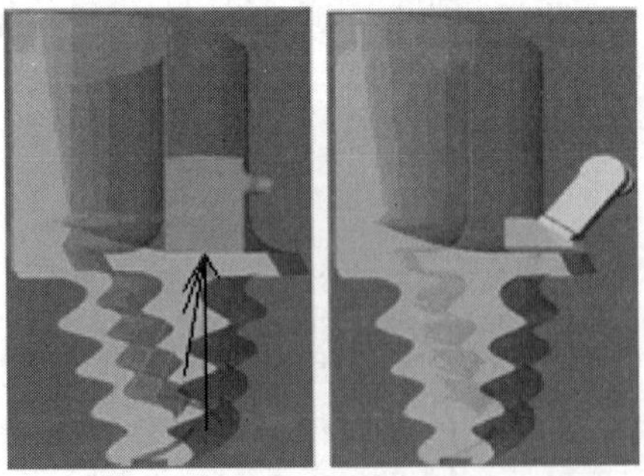

图 8-12 汽轮机转子叶片叶根相控阵超声检测

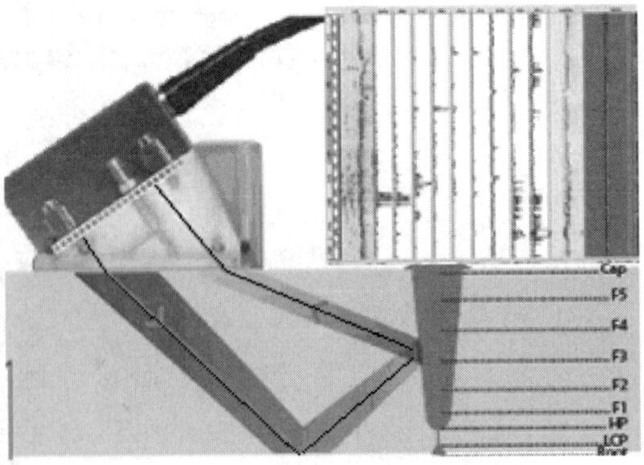

图 8-13 管道对接环焊缝相控阵超声检测

2. 管道对接环焊缝超声检测

管道对接环焊缝超声检测技术主要采用了相控阵技术进行分区自动扫查,取得了较好的使用效果(如图 8-13 所示)。主要表现在:检测速度快;检测灵敏度高;缺陷定位定量准确,能够准确测定缺陷的深度、长度和位置;检测简洁方便,劳动强度小。

思考题

1. 请描述自动超声检测系统的组成。
2. 相控阵超声技术原理是什么?
3. 相控阵超声技术的声束控制方式有哪几种?
4. 相控阵超声技术常用检测模式有哪几种?
5. 相控阵超声检测技术有哪些优点?

第二部分　核设备超声检测操作技能

学习目标：

初级工：能按照要求正确选择探头、耦合剂、试块，并能准确连接；熟悉板材检测时设备的使用和具体检测操作步骤，检测结束后恢复检测场地。了解板材检测记录的相关内容。

中级工：能按照要求选择超声检测设备和器材、掌握板材检测时设备的使用和具体操作步骤，能识别相关显示与非相关显示并在检测结束后恢复检测场地。熟悉板材检测记录的相关内容，并根据标准判定相关显示；能正确填写检测报告、维护仪器。了解平板对接焊缝检测技术、操作步骤和记录等相关内容。

高级工：根据被检对象（平板对接焊缝和锻件），能编制检测工艺卡和测试仪器和探头的性能；掌握检测仪器操作要领和检测步骤。在检测过程中，准确记录缺陷参数并依据验收标准进行判定和评级；正确编制检测报告；还能培训初、中级人员的操作技能。

技师：掌握检测仪器操作要领和检测步骤。在检测过程中，准确记录缺陷参数并按照验收标准进行判定和评级；正确编制检测报告；根据被检对象编制检测规程、编写设备标定程序；能分析检测结果的误差产生原因、对缺陷进行综合评定；能编写初、中、高级人员培训教材，讲授本专业理论知识和检测技能。掌握另一种检测方法。

高级技师：掌握检测仪器操作要领和检测步骤。在检测过程中，准确记录缺陷参数并按照验收标准进行评定和判级；正确填写编制检测报告；掌握另一种检测方法。能分析检测设备、仪器故障的产生原因，制定相应的维护保养措施；按照技术要求编制验收标准、能编制特殊检测对象的检测规程、能制定特殊检测对象的检测方案；能对检测过程进行质量分析；对缺陷进行综合评定，并能分析评价检测结果的可靠性、准确性；进行新技术、新知识和新工艺的讲座。

第九章　板材超声检测

第一节　工作准备

一、检测前准备

准备超声波仪器、电缆、探头、标准试块、操作试件、耦合剂以及记录纸、记录表、记录及测量器具等。

二、操作试件准备

记录试件的编号、材质和外形尺寸测量，并对工件表面进行清理。

三、仪器设备准备

记录超声波检测仪、超声探头、标准试块、耦合剂等型号和编号。

第二节　仪器调节

一、超声检测系统连接

确认系统的工作状态，进行系统相关参数的设置。

二、仪器时基线设置

可采用 CSK-ⅠA 试块 25 mm 厚大平底或操作试件本身已知厚度的大平底进行仪器时基线设置。时基线设置的范围应调节工件二次底面回波至仪器示波屏的水平满刻度的 80% 左右。

三、灵敏度设置

扫查灵敏度不能低于基准灵敏度。

第三节　操作步骤

一、粗检

依据检测要求，在试件检测面上进行扫查，扫查过程应注意扫查速度以及探头覆盖率。粗检的目的在于初步确定缺陷的位置以及怀疑区域，并在试件上进行标识。

二、精检

对于粗检发现的缺陷位置和怀疑区域进行精细检测，确定缺陷的深度和缺陷轮廓边界。缺陷轮廓边界的绘制采用缺陷回波与底面回波等高的方法确定。

三、缺陷参数的记录

缺陷的参数包括深度及轮廓边界。

四、灵敏度复验

每次检测结束前，应对基准灵敏度进行复验。

五、时基线复验

如果任意一点在扫描线上的偏移量超过扫描线该读数的 10%或全量程的 5%，则时基线应重新调整，并对上一次复验以来所有的检测部位进行复检。

六、操作现场清理与恢复

每次检测结束时，应对试块、试件、探头、连接电缆等进行清理和复位，仪器电源应关闭。

七、检测记录编写

板材超声波检测记录一般包括操作基本条件、缺陷、扫查示意图以及缺陷数据记录等几个部分。

（1）操作基本条件

通常包括工件基本情况、超声检测系统基本情况和检测灵敏度等。

1）工件的基本情况：试件编号、试件材料、试件规格、表面情况等；

2）超声检测系统基本情况包括：仪器的型号及编号、探头的型号及编号、时基线的设置方法及比例、耦合剂、表面补偿等。时基线设置方法通常有深度、水平、声程等方法，表面补偿根据工件表面情况确定；

3）检测灵敏度。

（2）缺陷位置及缺陷尺寸标注示意图。

（3）填写超声检测人员操作（板材）考核记录表，见表 9-1。

表 9-1　超声检测人员操作（板材）考核记录表

<table>
<tr><td colspan="2">试件编号</td><td colspan="2"></td><td colspan="2">试件材料</td><td colspan="2"></td><td colspan="2">试件规格</td><td colspan="2"></td></tr>
<tr><td colspan="3">仪器型号及编号</td><td colspan="3"></td><td colspan="3">探头型号及编号</td><td colspan="3"></td></tr>
<tr><td colspan="6">试块型号</td><td colspan="6"></td></tr>
<tr><td colspan="3">时基线比例</td><td colspan="3"></td><td colspan="3">扫查灵敏度</td><td colspan="3"></td></tr>
<tr><td colspan="3">测长方法</td><td colspan="3"></td><td colspan="3">耦合剂</td><td colspan="3"></td></tr>
</table>

续表

表面状况		表面补偿	

缺陷示意图

缺陷编号					
缺陷深度(mm)					

检测人员		检测日期	

第十章　平板对接焊缝超声检测

技能操作采用 NB/T 47013.3—2015，焊缝检测等级要求按照 B 级实施检测，按Ⅱ级合格进行验收。

第一节　工作准备

一、检测工艺卡准备

编制检测工艺卡，并正确理解检测工艺卡的内容与要求。

二、检测前准备

依据检测工艺卡准备超声波仪器、电缆、探头（探头的选择见表 10-1）、标准试块、操作试件、耦合剂以及记录纸、记录表、记录及测量器具等。

表 10-1　推荐采用的斜探头折射角（*K* 值）和标称频率

工件厚度 t/mm	折射角（K 值）	标称频率/MHz
≥6～25	2.0～3.0(63°～72°)	4～5
＞25～40	1.5～2.5(56°～68°)	2～5
＞40	1.0～2.0(45°～63°)	2～2.5

三、操作试件准备

记录操作试件的编号、材质和外形尺寸测量。对试件表面进行清理，标示检测区域和探头扫查区域。

四、仪器设备准备

记录超声波仪器、超声探头、标准试块、耦合剂等的型号和编号。

第二节　仪器调节

一、超声检测系统连接

确认系统的工作状态，进行系统相关参数的设置。

二、超声探头性能测试

测量探头的入射点(前沿)和角度(K 值),利用 CSK-ⅠA 试块进行入射点和探头角度的测量,要求至少测量三次,并取平均值。

三、仪器时基线设置

仪器时基线的设置一般采用 CSK-ⅠA 试块,也可根据被检试件厚度选择 CSK-ⅡA、CSK-ⅢA 或 CSK-ⅣA 试块。时基线设置范围应该覆盖所需检测的最大范围,最大检测范围应调节在示波屏水平满刻度的 80%左右。

四、面板 DAC 曲线绘制

采用 CSK-ⅡA-1 试块,进行面板曲线绘制,面板曲线必须覆盖所需检测深度的范围,如果采用二次波检测,必须要覆盖二次波的深度范围。DAC 曲线反射体的选择至少为三个以上,DAC 曲线上第一点波幅高度应在满屏 80%高度左右;当 DAC 曲线上某点低于 20%屏幕高度时,则需制作分段 DAC 曲线。

五、灵敏度设置

扫查灵敏度不应低于评定线灵敏度,此时在检测范围内最大声程处的评定线高度不应低于荧光屏满刻度的 20%。检测和评定横向缺陷时,应将各线灵敏度需均提高 6 dB。

第三节　操作步骤

一、检测

焊缝检测一般先进行纵向扫查,纵向扫查完成后再进行横向扫查。

检测采用直射波和一次反射波在焊缝单面双侧进行检测,探头移动区见图 10-1。

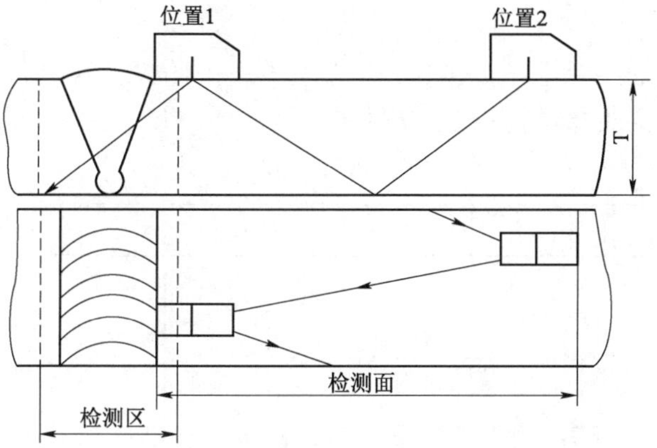

图 10-1　检测和探头移动区示意图

检测过程一般又分为粗检和精检。

1. 粗检

检测纵向缺陷时,斜探头应垂直于焊缝线放置在检测面上,作锯齿型扫查(见图 10-2 所示)。探头前后移动的范围应保证扫查到全部焊接接头截面。在保持探头垂直焊缝作前后移动的同时,扫查时还应作 10 ℃～15 ℃的左右转动。

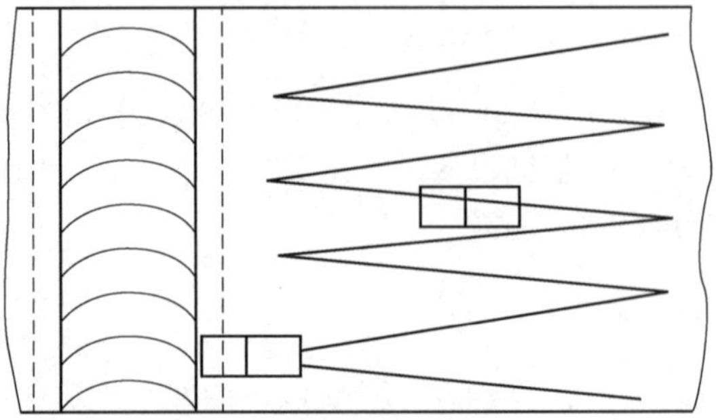

图 10-2 锯齿扫查示意图

检测焊接接头横向缺陷时,可在焊接接头两侧边缘使斜探头与焊接接头中心线成一定夹角(10°～45°)作两个方向斜平行扫查,见图 10-3;如果焊接接头余高磨平,探头应在焊接接头及热影响区上作两个方向的平行扫查,见图 10-4。

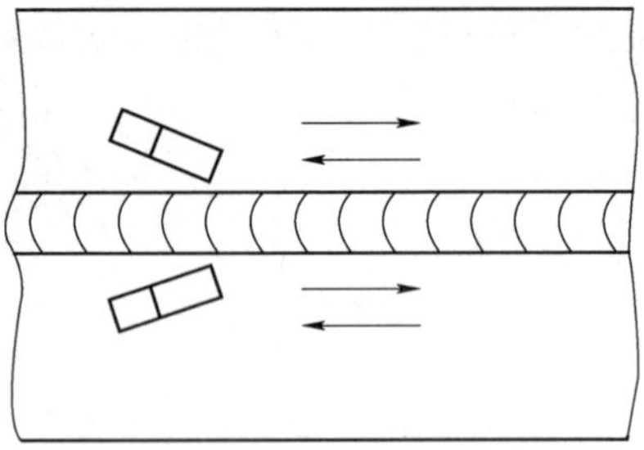

图 10-3 斜平行扫查示意图

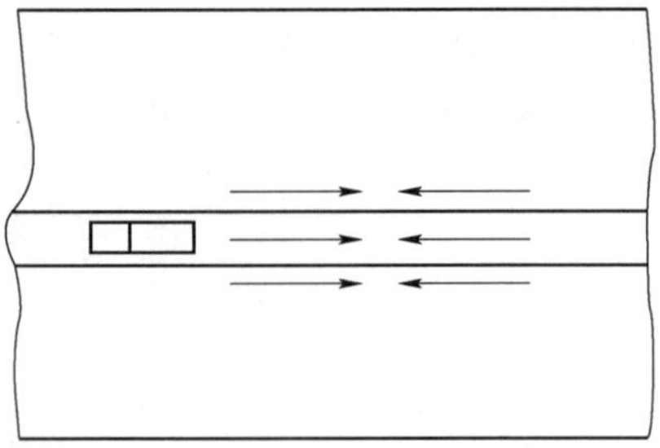

图 10-4 平行扫查示意图

粗检的目的在于初步确定缺陷的位置以及怀疑区域,并在试件上进行标识。

2. 精检

为观察缺陷动态波形和区分缺陷信号,确定缺陷的位置、方向和形状,可采用前后、左右、转角、环绕等四种探头基本扫查方式(见图 10-5)。

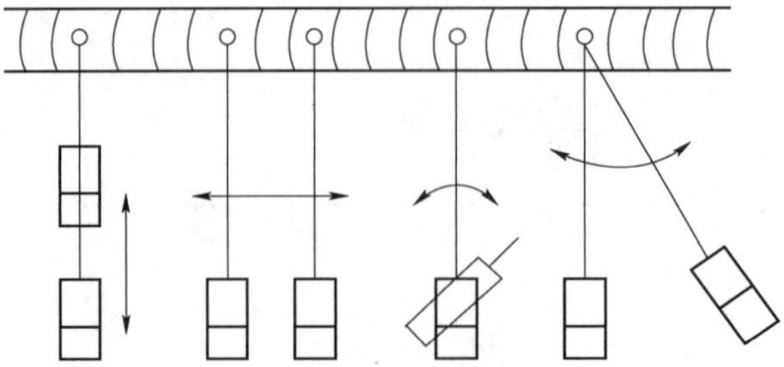

图 10-5 四种基本扫查方法示意图

当缺陷反射波只有一个高点时，且位于Ⅱ区或Ⅱ区以上时，用−6 dB 法测量其指示长度；当缺陷反射波峰起伏变化，有多个高点，且位于Ⅱ区或Ⅱ区以上时，应以端点−6 dB 法测量其指示长度；当缺陷反射波幅位于Ⅰ区，将探头左右移动，使波幅降到评定线，以用评定线绝对灵敏度法测量缺陷指示长度。

沿缺陷长度方向相邻的两缺陷，其长度方向间距小于其中较小的缺陷长度且两缺陷在与缺陷长度相垂直方向的间距小于 5 mm 时，应作为一条缺陷处理，以两缺陷长度之和作为其指示长度（间距计入）。如果两缺陷在长度方向投影有重叠，则以两缺陷在长度方向上投影的左、右端点间距离作为其指示长度。

二、缺陷参数记录

缺陷参数记录包括缺陷的当量幅度、位置（$X/Y/Z$）和长度。

三、灵敏度的复验

复验时，在检测范围内如发现扫查灵敏度或距离—波幅曲线上任一深度人工反射体回波幅度下降 2 dB，则应对上一次复验以来所有的检测部位进行复检；如回波幅度上升 2 dB，则应对所有的记录信号进行重新评定。

四、时基线的复验

如果任意一点在时基线上的偏移量超过扫描线该读数的 10%或全量程的 5%，则时基线应重新调整，并对上一次复验以来所有的检测部位进行复检。

五、检测结果的评定

依据表 10-2 对检测结果进行等级评定，并对试件合格与否做出判定。

表 10-2　焊接接头超声检测质量分级

<table>
<tr><th>等级</th><th>工件厚度 t</th><th>反射波幅所在区域</th><th>允许的单个缺陷指示长度</th><th>多个缺陷累计长度最大允许值 L'</th></tr>
<tr><td rowspan="2">Ⅰ</td><td rowspan="2">≥6～100</td><td>Ⅰ</td><td>≤50</td><td>—</td></tr>
<tr><td>Ⅱ</td><td>≤t/3，最小可为 10，最大不超过 30</td><td>在任意 9t 焊缝长度范围内 L'不超过 t</td></tr>
<tr><td rowspan="2">Ⅱ</td><td rowspan="2">≥6～100</td><td>Ⅰ</td><td>≤60</td><td>—</td></tr>
<tr><td>Ⅱ</td><td>≤2t/3，最小可为 12，最大不超过 40</td><td>在任意 4.5t 焊缝长度范围内 L'不超过 t</td></tr>
<tr><td rowspan="3">Ⅲ</td><td rowspan="3">≥6</td><td>Ⅱ</td><td colspan="2">超过Ⅱ级者</td></tr>
<tr><td>Ⅲ</td><td colspan="2">所有缺陷（任何缺陷指示长度）</td></tr>
<tr><td>Ⅰ</td><td>超过 II 级者</td><td>—</td></tr>
</table>

注：1）当焊缝长度不足 9t（Ⅰ级）或 4.5t（Ⅱ级）时，可按比例折算。当折算后的多个缺陷累计长度允许值小于该级别的单个缺陷指示长度时，以允许的单个缺陷指示长度作为缺陷累计长度允许值；

2）缺陷指示长度测量，使声束垂直于缺陷的主要方向移动探头测得的缺陷长度。

六、操作现场清理与恢复

检测结束后，应对试块、试件、探头、连接电缆等进行清理和复位，检测仪器面板曲线应擦除，仪器电源应关闭。

七、检测记录编写

焊缝超声检测记录一般包括操作基本条件、缺陷、扫查示意图以及缺陷数据记录等几个部分。

1. 操作基本条件

通常包括工件基本情况、超声检测系统基本情况、检测灵敏度以及验收标准等。

（1）工件的基本情况：试件编号、试件材料、试件规格、坡口形式、焊接方式、表面情况等；

（2）超声检测系统基本情况包括：仪器的型号及编号、探头的型号及编号、探头的入射点及角度（K 值），时基线的设置方法及比例、耦合剂、表面补偿等。时基线设置方法通常有深度、水平、声程等方法，表面补偿根据工件表面情况确定；

（3）检测灵敏度包括：基准灵敏度（评定线）、扫查灵敏度；

（4）验收标准包括：采用的标准以及检测等级、验收等级等。

2. 平板对接焊缝缺陷位置及尺寸标注示意图

应在平板对接焊缝上标注缺陷的位置及尺寸。

3. 缺陷数据记录

记录检测过程中发现的达到记录阈值的缺陷。缺陷记录的参数包括扫查方向、缺陷位置、缺陷波幅、缺陷波幅所在区域、缺陷长度、评定级别等。

（1）扫查方向：探头位于焊缝哪一侧（A 或 B 侧）；

（2）缺陷的位置：左右端点的水平位置（X_1、X_3）缺陷最大端点水平位置（X_2）、深度位置（Z）以及距离焊缝中心线的位置（Y）；

（3）缺陷的幅度；

（4）波幅区：缺陷波幅在距离—波幅曲线上的Ⅰ/Ⅱ/Ⅲ区；

（5）缺陷长度：采用 6 dB 法或端点 6 dB 测量的缺陷长度；

（6）评定级别：根据标准或规程评定级别；

（7）填写检测记录。

见表 10-3 超声检测人员操作（焊缝）考核记录表。

表 10-3 超声检测人员操作（焊缝）考核记录表

<table>
<tr><td>试件编号</td><td colspan="2"></td><td colspan="2">试件材料</td><td colspan="2"></td><td>试件规格</td><td colspan="2"></td></tr>
<tr><td>仪器型号及编号</td><td colspan="2"></td><td colspan="2">探头型号及编号</td><td colspan="2"></td><td>坡口形式</td><td colspan="2"></td></tr>
<tr><td>标准试块型号</td><td colspan="2"></td><td colspan="2">灵敏度试块型号</td><td colspan="2"></td><td>焊接方式</td><td colspan="2"></td></tr>
<tr><td>探头入射点测试</td><td>第 1 次</td><td></td><td>第 2 次</td><td></td><td>第 3 次</td><td></td><td>均值</td><td></td><td></td></tr>
</table>

续表

探头 K 值测量	第 1 次		第 2 次		第 3 次		均值	
仪器时基线调整		比例		测长方法				
表面状况		表面补偿		耦合剂				
评定线 灵敏度		纵向扫查 灵敏度		横向扫查 灵敏度				
检测标准		验收等级		检测等级				

缺陷及扫查示意图：

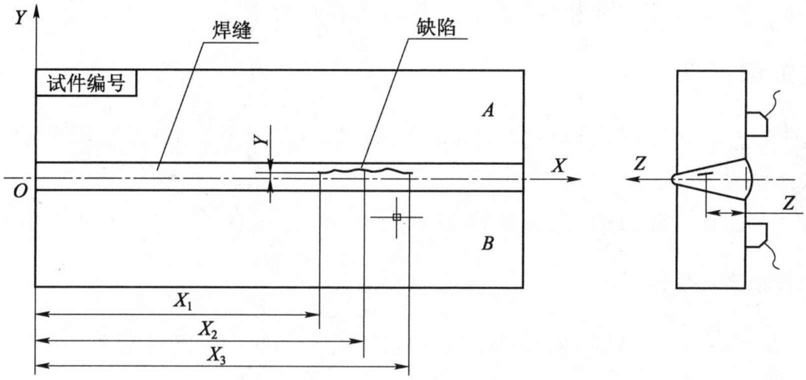

缺陷数据记录

编号	扫查侧	X_1	X_3	缺陷最大回波位置			幅度(dB) $\phi 2\times 40\pm\Delta$dB	波幅区	缺陷长度	评级
				X_2	Z	Y				
1										
2										
3										
4										
5										
评定等级及结论								日期		

注：1）X_2 为缺陷最大回波处距左边定位线的距离；

2）Y 为缺陷最大回波处距焊缝中心线的距离(A 面为+，B 面为-)；

3）Z 为缺陷最大回波处的深度；

4）位置和长度单位为毫米。

第十一章　锻件超声检测

第一节　工作准备

一、检测工艺卡准备

编制检测工艺卡，并正确理解检测工艺卡的内容与要求。

二、检测前准备

依据检测工艺卡准备超声检测仪、电缆、探头、标准试块、操作试件、耦合剂以及记录纸、记录表、记录及测量器具等。

技能操作采用单晶直探头，探头标称频率 5 MHz，晶片直径为ϕ14～ϕ20 mm。

三、操作试件准备

记录操作试件的编号、材质和外形尺寸测量，并对试件表面进行清理。

四、仪器设备准备

记录超声波仪器、超声探头、标准试块、耦合剂等的型号和编号。

第二节　仪器调节

一、超声系统连接

确认系统的工作状态，进行系统相关参数的设置(数字式)。

二、仪器时基线设置

可采用 CSK-ⅠA 试块 25 mm 厚大平底或操作试件本身已知厚度的大平底进行仪器时基线设置。时基线的范围应该覆盖所需检测范围，最大检测范围在水平满刻度的 80%左右。

三、灵敏度设置

扫查灵敏度不低于试件最大距离处ϕ2 mm 平底孔灵敏度。

扫查灵敏度具体调节方法为：首先根据公式计算最大检测距离处的ϕ2 mm 平底孔与大平底的当量差；将探头对准试件大平底，调节衰减器，使底面反射波达 80%屏幕高度，再次调节衰减器，调节的数值为计算出的最大检测距离处的ϕ2 mm 平底孔与大平底的分贝差，这样扫查灵敏度就调节好了。

第三节　操作步骤

一、粗检

在试件检测面上进行扫查，扫查过程应注意扫查速度以及保持 15%扫查覆盖率。粗检的目的在于初步确定缺陷的位置以及怀疑区域，并在试件上进行标识。

二、精检

对于粗检出的缺陷和怀疑区域进行精细检测，确定缺陷的位置及其当量尺寸。缺陷当量尺寸采用计算法确定。

三、缺陷参数的记录

缺陷的参数包括缺陷位置及其当量尺寸。

四、灵敏度的复验

检测结束后，应对扫查灵敏度进行复验。

五、仪器时基线复验

检测结束后，应对时基线进行复验。

六、检测结果的评定

依据表 11-1 对检测结果进行等级评定，并对试件合格与否做出判定。

表 11-1　钢锻件缺陷质量分级

等级	Ⅰ	Ⅱ	Ⅲ	Ⅳ	Ⅴ
单个缺陷当量平底孔直径	≤ϕ4	≤ϕ4+6 dB	≤ϕ4+12 dB	≤ϕ4+18 dB	>ϕ4+18 dB

七、操作现场清理与恢复

检测结束后，应对试块、试件、探头、连接电缆等进行清理和复位，仪器电源应关闭。

八、检测记录编写

锻件超声检测记录一般包括操作基本条件、缺陷、扫查示意图以及缺陷数据记录等几个部分。

(1) 操作基本条件

通常包括工件基本情况、超声检测系统基本情况、检测灵敏度以及验收标准等。

1) 工件的基本情况：试件编号、试件材料、试件规格、表面情况等；

2）超声检测系统基本情况包括:仪器的型号及编号、探头的型号及编号、探头的入射点及角度(K 值),时基线的设置方法及比例、耦合剂、表面补偿等。时基线设置方法通常有深度、水平、声程等方法,表面补偿根据工件表面情况确定;

3）检测灵敏度包括:基准灵敏度(评定线)、扫查灵敏度;

4）验收标准包括:采用的标准以及验收等级等。

(2）缺陷位置、缺陷尺寸及扫查示意图。

(3）缺陷数据记录。

(4）填写检测记录表

超声检测人员操作(锻件)考核记录表见表 11-2。

表 11-2 超声检测人员操作（锻件）考核记录表

试件编号		试件材料		试件规格	
仪器型号及编号			探头型号及编号		
试块型号			基准灵敏度		
仪器时基线比例			扫查灵敏度		
表面状况		表面补偿		耦合剂	
检测标准		记录要求		验收等级	

缺陷示意图

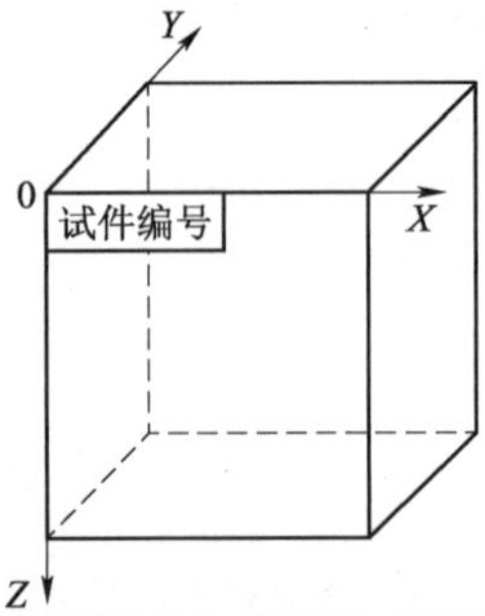

缺陷数据记录

编号	缺陷位置(max)			缺陷回波幅值(基准灵敏度)±ΔdB	当量大小(ϕ4±ΔdB)	评级
	X	Y	Z			
评定等级及结论					日期	

第三部分 核燃料元件超声检测操作技能

学习目标：

初级工：要求掌握正确选择探头、耦合剂、试块，并能准确连接；熟悉检测设备的使用和具体操作步骤，检测结束后恢复检测场地。了解检测记录的相关内容、注意事项和辐射安全等知识。

中级工：要求掌握正确选择超声检测设备和器材、掌握检测设备的使用和具体操作步骤，能识别相关显示与非相关显示并在检测结束后恢复检测场地。熟悉检测记录的相关内容，并根据标准判定相关显示；能正确填写检测报告、维护仪器。了解检测记录的相关内容、注意事项和辐射安全等知识。

高级工：根据被检对象能编制检测工艺卡和测试相关仪器和探头的性能；掌握检测仪器操作要领和检测步骤。在检测过程中，准确记录缺陷参数并按照验收标准进行评定和判级；正确填写编制检测报告；掌握检测记录的相关内容、注意事项和辐射安全等知识。还能培训初、中级人员的操作技能。

技师：掌握检测仪器操作要领和检测步骤。在检测过程中，准确记录缺陷参数并按照验收标准进行评定和判级；正确填写编制检测报告；根据被检对象编制检测规程、编写设备标定程序；能分析检测结果的误差产生原因、对缺陷进行综合评定；掌握检测记录的相关内容、注意事项和辐射安全等知识。能编写初、中、高级人员培训教材，讲授本专业理论知识和检测技能。掌握另一种检测方法。

高级技师：掌握检测仪器操作要领和检测步骤。在检测过程中，准确记录缺陷参数并按照验收标准进行评定和判级；正确填写编制检测报告；能分析检测设备、仪器故障的产生原因，制定相应的维护保养措施；掌握检测记录的相关内容、注意事项和辐射安全等知识。按照技术要求编制验收标准、能编制特殊检测对象的检测规程、能制定特殊检测对象的检测方案；能对检测过程进行质量分析；对缺陷进行综合评定，并能分析评价检测结果的可靠性、准确性；进行新技术、新知识和新工艺的讲座。

第十二章　核燃料元件不锈钢板材超声检测

第一节　工作准备

一、检测前准备

准备超声波仪器、电缆、探头、标准试块、操作试件、耦合剂以及记录纸、记录表及测量器具等。

二、操作试件准备

记录试件的编号、材质、外形尺寸测量。

三、仪器设备准备

1. 超声检测仪

采用A型脉冲反射式超声检测仪。

2. 探头

探头选用按表12-1规定进行。

表12-1　探头类型及参数

<table>
<tr><th rowspan="2">板厚(mm)</th><th rowspan="2">探头类型</th><th rowspan="2">标称频率(MHz)</th><th colspan="2">晶体尺寸</th></tr>
<tr><th>双晶直探头</th><th>单晶直探头</th></tr>
<tr><td>6～12</td><td>双晶直探头</td><td rowspan="2">4～5</td><td rowspan="2">晶片面积不小于150 mm^2</td><td>——</td></tr>
<tr><td>＞12～20</td><td>双晶直探头或单晶直探头</td><td>圆晶片尺寸为ϕ15～20 mm</td></tr>
<tr><td>＞20～50</td><td>单晶直探头</td><td>2～2.5</td><td>——</td><td>圆晶片尺寸为ϕ15～20 mm或方晶片面积不小于200 mm^2</td></tr>
</table>

3. 对比试块

(1) 对比试块的材质、厚度及表面状态与被检钢板相同或相近，无影响使用的缺陷；

(2) 双晶直探头采用阶梯试块；

(3) 单晶直探头采用平底孔试块，见表12-2。

表 12-2　单晶直探头对比试块（单位：mm）

被检钢板厚度 S	平底孔深度	平底孔直径
6～30	$S/2$	$\phi 2$
＞30～50	S/3	

4. 耦合剂

机油。

第二节　仪器调节

一、超声系统连接

确认系统的工作状态，进行系统相关参数的设置。

二、灵敏度设置

（1）双晶直探头检测时，用阶梯试块将工件等厚部位第一次底波高度调整到满刻度的约 50%，再提高 10 dB 作为基准灵敏度。再提高 2～6 dB 作为扫查灵敏度；

（2）单晶直探头检测时，将平底孔对比试块的第一次反射波高(厚度＜20 mm 钢板用单晶探头检测为第二次反射波)调整到满刻度的约 50%作为基准灵敏度。再提高 2～6 dB 作为扫查灵敏度。

三、检测方式

采用单晶或双晶直探头纵波接触法在板材一个主要表面进行 100%超声波检测。

第三节　操作步骤

一、检测过程

不锈钢板材超声检测过程具体如下：

（1）检测前对工件表面进行清理，不得有任何影响检测结果的物质如氧化皮、油污存在；

（2）对被检板材进行编号，编号规则为：检测年份—板厚—序号；

（3）板材表面均匀涂抹机油后待检；

（4）将探头和检测仪正确连接，打开仪器电源开关，预热 15 min 以上；

（5）调节仪器，根据板厚确定扫描范围和比例；

（6）检测灵敏度确定和检测面选择；

（7）探头沿垂直于钢板轧制方向进行平行线 100%扫查，探头扫查轨迹的重叠部分应不

小于 10%,探头扫查速度不大于 150 mm/s;

(8) 用双晶直探头测定缺陷大小时,应分别进行 X 和 Y 方向扫查。X 方向扫查:探头声束分割面向主轧制方向平行放置,与轧制方垂直扫查。Y 方向扫查:探头的声束分割面向主轧制方向垂直放置,与轧制方向平行扫查;

(9) 灵敏度复验;

(10) 缺陷的记录和评判;

(11) 后处理,对检出的缺陷应标明伤位置和区域及明显的判废标志。

二、灵敏度复验

每次检测开始、结束,检测过程中每隔半小时用对比试块复验仪器。若标准伤幅度低于基准灵敏度 2 dB 时,应重新调整灵敏度并对上一次复验以后所有板材进行复检。

三、操作现场清理与恢复

检测结束时,应对试块、试件、探头、连接电缆等进行清理和复位,仪器电源应关闭。已检板材按规定进行交接。

四、检测结果的记录和验收标准

1. 缺陷的记录

检测仪器示波屏上如有下列情况记为缺陷:

(1) 无底波,只有缺陷波的多次反射或有多个紊乱缺陷波;

(2) 缺陷波与底波同时存在;

(3) 底波消失,并无缺陷波;

(4) 凡是当量直径≥ϕ2 mm 平底孔的缺陷;

(5) 任何引起底波高度小于 30%的缺陷;

(6) 任何带状缺陷;

(7) 相邻间距小于被检钢板 1/5 板厚的密集缺陷。

2. 确定缺陷的当量

(1) 利用当量直径/距离—波幅曲线进行评定;

(2) 对具有一定面积的缺陷应采用半波高度法测定。

3. 验收标准

下列缺陷为不合格:

(1) 钢板有白点、裂纹等危害性缺陷;

(2) 任何能引起底波高度小于 30%的缺陷;

(3) 当板厚≤12 mm 时,当量直径大于或等于ϕ2 mm 平底孔的缺陷;当板厚>12 mm 时,当量直径大于 1/6 板厚的缺陷;

(4) 相邻两个或两个以上的缺陷,其大小虽然小于上述第 3 条中的规定值,但若缺陷的最小间距≤1/5 板厚,并且这些缺陷的当量直径之和>1/5 板厚的密集缺陷。

五、检测报告

1. 检测报告内容

(1) 制造厂名称或代号；

(2) 被检工件的图号、名称、编号和材料牌号；

(3) 检测规程及版本；

(4) 检测仪器名称及型号；

(5) 检测时机；

(6) 检测仪器和设备的名称及型号；

(7) 所使用的探头类型；

(8) 耦合剂类型；

(9) 检测结果；

(10) 检测日期；

(11) 检测人员签名及资格。

2. 原始记录归档

原始记录包括：

(1) 当班记录；

(2) 检测记录，应有带状图或纸带记录，包括设备标定和灵敏度复验的记录。

第十三章　核燃料元件不锈钢锻件超声检测

第一节　工作准备

一、检测前准备

准备超声波仪器、电缆、探头、标准试块、操作试件、耦合剂以及记录纸、记录表及测量器具等。

二、操作试件准备

记录试件的编号、材质、外形尺寸测量，并对工件表面进行清理(表面粗糙度不应大于3.2 μm，被检表面不应有外来物质，如氧化皮、漆皮或脏物等)。

三、仪器设备准备

1. 超声检测仪

采用A型脉冲反射式超声检测仪，频率范围至少1～5 MHz。仪器检定合格且在有效期内，其垂直线性误差在满幅度80%范围内应不大于5%，水平线性误差不大于1%，动态范围不小于26 dB。

2. 探头

直探头，探头频率2.5～5 MHz。

3. 对比试块

试块应符合GB/T 11259要求，平底孔直径为$\phi 2$ mm。试块材料在声学特性上应与被检部件相近，试块的表面粗糙度应与被检部件相当。将对比试块中的平底孔回波高度调整至满屏的80%作为基准灵敏度。

4. 耦合剂

机油。

第二节　仪器调节

一、超声系统连接

确认系统的工作状态，进行系统相关参数的设置。

二、灵敏度设置

用对比试块法或底波反射法设置基准灵敏度，检测灵敏度在基准灵敏度的基础上至少增益 3～6 dB。

(1) 对比试块法

试块的制造和控制应符合 GB/T 11259 要求，平底孔直径为ϕ2 mm，试块材料在声学特性上应与被检部件相近，试块的表面粗糙度应与被检部件相当。将上述对比试块中的平底孔回波高度调整至满屏的 80%作为基准灵敏度。

(2) 底波反射法

当检测面与底面平行，且厚度大于探头近场区 3 倍时，可使用平底底波反射法。根据公式(13-1)计算出 A 值，在锻件上找出可以代表完好锻件材质状态的位置，把第 1 次底面回波高度调整到满屏的 80%作为评定回波信号的基准，在此基础上增益 A 作为基准灵敏度。

$$A = 20\lg\frac{\lambda T}{2\pi} \tag{13-1}$$

式中：A——需要提高的增益值，dB；

T——被检部位的厚度，mm；

λ——波长，mm。

三、检测方式

采用接触法直射波对锻件的所有表面进行 100%的扫查，扫查速度不大于 150 mm/s，至少有 15%的重叠。

第三节　操作步骤

一、开机

将探头和检测仪正确连接，打开仪器电源开关，预热 15 min 以上。

工作场所应保持清洁、整齐有序、无强电磁和腐蚀性气体等。

二、检测时机

锻件的超声检测应在热处理、粗加工之后，精加工之前进行。

三、灵敏度复验

每隔半小时或对灵敏度有怀疑时须对灵敏度进行复验；当灵敏度变化超过 20%时，则上次复验后所检测的部件必须重新检测。

四、操作现场清理与恢复

检测结束时，应对试块、试件、探头、连接电缆等进行清理和复位，仪器电源应关闭。已检板材按规定进行交接。

五、检测结果的记录和验收标准

1. 缺陷的记录

(1) 凡是幅度达到或超过检测灵敏度 50%的缺陷信号应做记录。记录内容包括缺陷当量、位置、长度或取向。

(2) 由于缺陷或材料质量引起的底波严重衰减(低于 40%满屏高度)或底波消失的部位。

2. 验收标准

(1) 不允许有任何裂纹、白点和链状的密集缺陷存在;

(2) 允许当量直径小于 1 mm 的缺陷存在;

(3) 允许当量直径不大于 2 mm 但间距不小于 40 mm 的零星分散的缺陷存在;

(4) 不允许当量直径大于ϕ2 mm 平底孔的单个缺陷存在;

(5) 不允许有底面反射波幅低于 30%满屏高度的区域。

六、检测报告

1. 检测报告内容

(1) 制造厂名;

(2) 被检工件的名称、编号和材料牌号;

(3) 检测规程及版本;

(4) 检测仪器名称及型号;

(5) 所使用的探头类型;

(6) 耦合剂类型;

(7) 检测结果;

(8) 检测人员签名及资格、检测日期。

2. 原始记录归档

(1) 当班记录;

(2) 检测记录,应有带状图或纸带记录,包括设备标定和灵敏度复验的记录。

第十四章　核燃料元件不锈钢棒材超声检测

第一节　工作准备

一、检测前准备

准备超声波仪器、电缆、探头、标准试块、操作试件、耦合剂以及记录纸、记录表及测量器具等。

二、操作试件准备

记录试件的编号、材质、外形尺寸测量，并对工件表面进行清理(被检棒材表面应光洁、完整、无凹坑、无氧化皮、杂物、油脂和油漆等)。

被检棒材的两端按 GB 145 加工成 B 型带锥中心孔。

三、仪器设备准备

1. 超声检测仪

采用 A 型脉冲反射式超声检测仪，频率范围至少 1～5 MHz。仪器检定合格且在有效期内，其垂直线性误差在满幅度 80%范围内应不大于 5%，水平线性误差不大于 1%，动态范围不小于 26 dB。

2. 探头

水浸线聚焦或点聚焦探头，也可使用其他单晶或双晶纵波探头，探头频率 2～10 MHz。

3. 对比试块

(1) 对比试样棒应取自被检棒材或与被检棒的材质相同，具有相同或相近的几何尺寸、表面粗糙度和热处理工艺，在比记录灵敏度高 12 dB 情况下无缺陷存在；

(2) 每根标准样棒至少应有不同深度的两个平底孔，平底孔应垂直于棒材轴线，两孔间距应大于 50 mm；

(3) 对比试样棒规格(见表 14-1)。

表 14-1　对比试样棒规格

棒材直径 D(mm)	平底孔直径(mm)	平底孔深度(mm)	
		A 孔	B 孔
$20 \leqslant D < 40$	1.5	3.0±0.2	16.8±0.5
$40 \leqslant D < 70$		5.0±0.2	36.0±0.5
$D \geqslant 70$			63.0±0.5

4. 耦合剂

水。

5. 酒精

分析纯。

6. 机械装置

专用检测水槽,探头固定架,工件支撑固定夹具及棒材旋转装置。

第二节 仪器调节

一、超声系统连接

确认系统的工作状态,进行系统相关参数的设置。

二、灵敏度设置

不锈钢棒材超声检测灵敏度设置采用以下方法:

(1) 将对比试样棒浸入水槽中,将探头垂直对准棒材表面,通过调整探头到棒材表面的水程使荧光屏上显示清晰的波形且反射次数不少于 2 次;

(2) 将探头垂直对准标准孔底面,然后上下微调探头到棒材表面的水程,使参考体回波幅度最大;

(3) 调节检测仪衰减器旋钮,使标准伤脉冲幅度不低于满屏的 80%做为基准灵敏度;

(4) 检测时,再提高 2～6 dB 作为扫查灵敏度。

三、检测方式

采用水浸点(线)聚焦探头,探头相对棒材螺旋式前进进行 100%超声波纵波检测,并应有不小于 10%的声束重叠率。适用于规格为ϕ20～70 mm 热轧或热锻不锈钢棒超声波检测。

第三节 操作步骤

一、检测过程

不锈钢棒材超声检测过程具体如下:

(1) 将探头和检测仪正确连接,打开仪器电源开关,预热 15 min 以上。调节扫描范围和比例;

(2) 检测前清洁棒材表面;

(3) 待测棒材顺序编号,编号规则为:检测年份—棒材直径—序号;

(4) 根据被检棒材规格确定端部拨叉距离;

(5) 标准伤调试及检测灵敏度确定;

(6) 将被探棒材浸入水槽中,棒材匀速旋转探头沿轴线匀速前进,旋转速度不宜大于

200 r/min,手动扫查线速度不超过 150 mm/s。对每根棒进行 100%超声波检测,并应有不小于 10%的声束重叠率。每根棒材至少重复检测 2 次;

(7) 在检测过程中不得有水泡附在探头表面和棒材上;

(8) 灵敏度复验;

(9) 缺陷记录和评判;

(10) 后处理,对检出的缺陷应标明伤位置和区域及明显的判废标志,成品、废品不得混放。

二、灵敏度复验

每次检测结束前,检测过程中每隔半小时用对比试样棒校对仪器一次,如标准孔回波幅度低于基准灵敏度幅度 2 dB 时,应重新调试检测仪灵敏度,并将自上次校对后检测过的全部棒材进行复检。

三、操作现场清理与恢复

检测结束时,应对试块、试件、探头、连接电缆等进行清理和复位,仪器电源应关闭。已检棒材按规定进行交接。

四、检测结果的记录和验收标准

存在以下缺陷的棒材应判废:

1) 单个缺陷:缺陷回波超过同声程ϕ1.5 mm 直径平底孔回波高度时判废;

2) 多个缺陷:缺陷回波超过同声程ϕ1.5 mm 直径平底孔回波高度的 10%,缺陷间距小于 25 mm 时判废;

3) 钢棒杂波水平:超过同声程的ϕ1.5 mm 直径平底孔回波高度的 10%,判废;

4) 棒底波检测:调整仪器,从标准棒上所得到的一次底波高度为荧光屏饱和值的 80%,然后将探头移到被探棒上,检测底波损失,当底波高度小于 50%时判废。

五、检测报告

1. 检测报告内容

(1) 制造厂名称或代号;

(2) 被检工件的图号、名称、编号和材料牌号;

(3) 检测规程及版本;

(4) 检测仪器名称及型号;

(5) 检测时机;

(6) 检测仪器和设备的名称及型号;

(7) 所使用的探头类型;

(8) 耦合剂类型;

(9) 检测结果;

(10) 检测日期;

(11) 检测人员签名及资格。

2. 原始记录归档

原始记录包括：

(1) 当班记录；

(2) 检测记录,应有带状图或纸带记录,包括设备标定和灵敏度复验的记录。

第十五章　核燃料元件连接柄锻件超声检测

第一节　工作准备

一、检测前准备

准备超声波仪器、电缆、探头、标准试块、操作试件、耦合剂以及记录纸、记录表及测量器具等。

二、操作试件准备

记录试件的编号、材质和测量外形尺寸。锻件表面应完好无损，表面粗糙度≤6.3 μm，无划伤及油污等附着物。

三、仪器设备准备

1. 超声检测仪

采用A型脉冲反射式超声检测仪，频率范围至少1～5 MHz。仪器检定合格且在有效期内，其垂直线性误差在满幅度80%范围内应不大于5%，水平线性误差不大于1%，动态范围不小于26 dB。

2. 探头

探头标称频率2 MHz(或2.5 MHz)。

(1) 对锻件柄体和圆柱端面检测时，选用直径为14 mm的直探头；

(2) 对圆柱进行周向检测时，选用直径不大于10 mm的直探头；

(3) 对圆柱和柄体结合部 R 的检测，视情况选择 $K=1$ 或 $K=2$ 的斜探头，晶片尺寸13×13 mm。

3. 对比试块

试块应与被检工件的材质相同或相近，具有相同或相近的几何尺寸、表面粗糙度和热处理工艺。

(1) 人工缺陷为直径 $\phi 1$ mm和 $\phi 2$ mm的平底孔，孔深度一般不应小于10 mm。

(2) 人工缺陷位置(见图15-1)

在圆柱垂直于轴线的不同位置上加工 $\phi 1$ mm和 $\phi 2$ mm平底孔；

在试块方形底座的底面和侧面分别加工 $\phi 1$ mm和 $\phi 2$ mm平底孔；

在试块 R 部加工 $\phi 2$ mm 平底孔一个，加工方向与底面夹角为 45°($K=1$)或 26.6°($K=2$)。

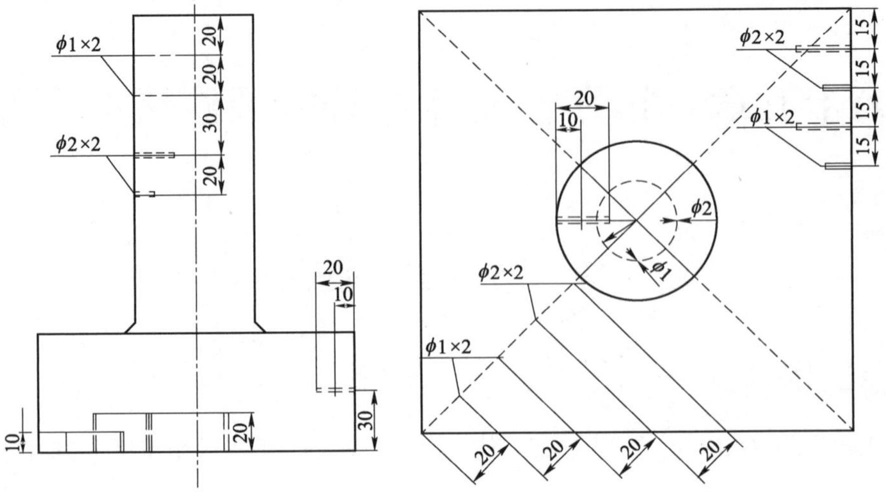

图 15-1 人工缺陷位置

4. 耦合剂

机油。

5. 酒精

分析纯。

第二节 仪器调节

一、超声系统连接

确认系统的工作状态,进行系统相关参数的设置。

二、灵敏度设置

将探头对准对比试块的平底孔,使每个平底孔波型清晰,幅度不低于满屏的 80%作为基准灵敏度。基准灵敏度提高 3～6 dB 作为检测灵敏度。

三、检测方式

采用单晶直探头和斜探头纵波接触法进行 100%超声波检测。对锻件进行手动扫查。声束覆盖率不低于 20%。

第三节 操作步骤

一、检测过程

连接柄锻件超声检测过程具体如下:

(1) 核对被检工件编号准确无误后,对工件表面进行清理,在被检工件上均匀涂抹机油；

(2) 将探头和检测仪正确连接，打开仪器电源开关，预热 15 min 以上；

(3) 确定检测灵敏度；

(4) 确定检测面及扫查方式；

1) 用直探头在柱体顶部平面和柄板的 6 个平面进行 100%的扫查，扫查速度不大于 150 mm/s，探头扫查重叠面应不少于 20%；

2) 对柱体周面进行检测时，探头沿圆柱轴线从头至尾进行 100%扫查，扫查速度不大于 100 mm/s；

3) 用斜探头对圆柱和柄体结合部 360°范围内的 R 部位进行 100%扫查。

(5) 灵敏度复验；

(6) 缺陷记录和评判；

(7) 后处理，对检出的缺陷应标明伤位置和区域及明显的判废标志。

二、灵敏度复验

每次检测开始和结束时、检测过程中每隔半小时，用对比试块复验仪器一次。若试块标准孔脉冲幅度低于基准的 2 dB 时，应重新调整标准伤幅度至满幅的 80%，并对自上次复验后所有工件进行复检。

三、操作现场清理与恢复

检测结束时，应对试块、试件、探头、连接电缆等进行清理和复位，仪器电源应关闭。被检工件按规定进行交接。

四、检测结果的记录和验收标准

1. 缺陷的记录

(1) 凡是幅度达到或超过基准灵敏度 50%的缺陷信号应作记录；

(2) 由于缺陷或材料质量引起的底波严重衰减或底波消失的部位应作记录。

2. 缺陷验收标准

(1) 不允许有任何裂纹、白点等危险性缺陷；

(2) 不允许存在反射波幅度超过 ϕ2 mm 平底孔当量的单个缺陷；

(3) 不允许有底面反射波幅度低于 30%满屏高度的区域；

(4) 在边长为 50 mm 的立方体内不允许 5 个或 5 个以上记录性的缺陷。

五、检测报告

1. 检测报告内容

(1) 制造厂名称或代号；

(2) 被检工件的图号、名称、编号和材料牌号；

(3) 检测规程及版本；

(4) 检测仪器名称及型号；

(5) 检测时机；

(6) 检测仪器和设备的名称及型号；

(7) 所使用的探头类型；

(8) 耦合剂类型；

(9) 检测结果；

(10) 检测日期；

(11) 检测人员签名及资格。

2. 原始记录归档

原始记录包括：

(1) 当班记录；

(2) 检测记录,应有带状图或纸带记录,包括设备标定和灵敏度复验的记录。

第十六章　锆合金管材超声检测

第一节　工作准备

一、检测前准备

准备超声检测仪、电缆、探头、试块、操作试件、耦合剂以及记录纸、记录表及测量器具等。

二、操作试件准备

记录试件的编号、材质和外形尺寸测量。

三、仪器设备准备

1. 超声检测仪

多通道数字化超声自动检测系统，仪器的垂直线性误差在满幅度 80%范围内应不大于 5%，水平线性误差不大于 1%，动态范围不小于 26 dB。

2. 机械传动装置

应保证探头与管材相对旋转和直线运动的速度变化值稳定在±5%以内。

3. 探头

水浸线聚焦探头，频率不低于 10 MHz。探头有效声束宽度不超过 0.5 mm(−3 dB)，标准伤长与探头有效声束长度之比应介于 0.3～1，探头焦距 f 与晶片直径 d 之比 F 值应在 2～5 范围内。线聚焦探头声场见图 16-1 所示。

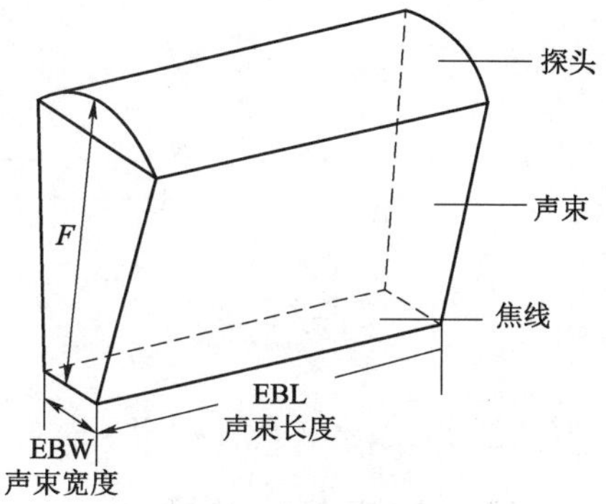

图 16-1　线聚焦探头声场

4. 对比试块

标定管与被检管材具有相同材质、相同制造工艺、相同几何尺寸和表面状态。

标准伤为管材内外表面纵向和横向的 U 型人工槽，尺寸为深度不超过壁厚的 10%，长度不超过 1.65 mm，宽度不超过深度两倍。

5. 耦合剂

去离子水。

第二节 仪器调节

一、超声系统连接

确认系统的工作状态，进行系统相关参数的设置。

二、灵敏度设置

将标准管送入传动装置内，调整探头焦距，偏转与自转轴，使管材内外表面的标准伤回波信号幅度在 50%～90%FSH，且尽可能一致，最大相差不超过 2 dB，并以内外伤信号中幅度较低的一个回波高度作为标定值。同时要求系统对标准伤管连续检测 2 h，每个通道的人工标准伤回波信号幅度的标准偏差＜1 dB，波动≤2 dB。调试好的标准伤如图 16-2 所示。针对特殊的检测要求，可酌情协商系统灵敏度的波动范围。

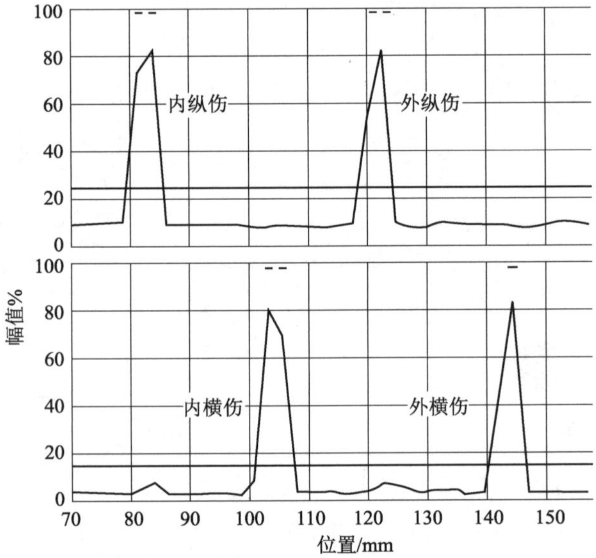

图 16-2 标准伤记录

检测灵敏度还需在标定值基础上补偿 2 dB。

三、检测参数设置

自动检测的主要工艺参数有：探头旋转速度、管材前进速度和仪器重复频率。为保证检测的可靠性，实现对管材的 100%超声波扫查，扫查区域必须有≥25%的声束重叠率。声束重叠率为：

$$y=\left(1-\frac{t}{EBL}\right)\times 100\% \tag{16-1}$$

$$t=\frac{v}{n} \tag{16-2}$$

式中：y——声束重叠率，%；

t——检测螺距，mm；

EBL——探头有效声束长度，mm；

v——管材前进速度，mm/min；

n——探头旋转速度，r/min。

仪器重复频率应满足：

$$PRR \geqslant \frac{n \times D_o}{19 \times EBW \times (1-y)} \tag{16-3}$$

式中：PRR——仪器重复频率，Hz；

D_o——管材的外径，mm；

EBW——探头有效声束宽度，mm。

四、检测方式

探头安装在旋转头内高速圆周转动，管材在传动装置带动下匀速穿过旋转头。检测时，两横、两纵四探头相对轴向移动的管材周向旋转从而实现对管材的 100%超声波扫查，且有不低于 25%的声束重叠率。

横向探头检测周向不连续，纵向探头检测纵向不连续。探头布局见图 16-3，纵向和横向检测方法如图 16-4 所示。水程为探头到管材外表面的距离，应等于或略小于探头的焦距，使得管子外壁处于−6 dB 焦柱范围内。

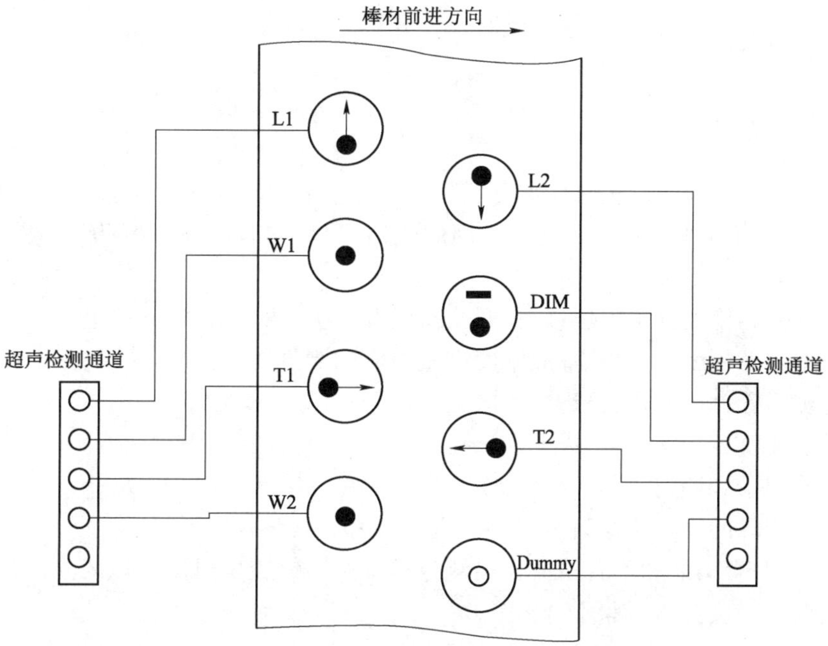

图 16-3 管材检测探头布局

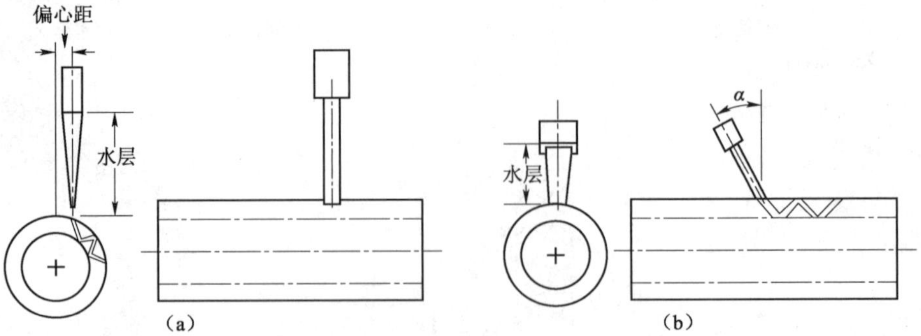

图 16-4 检测方法

(a) 纵向检测;(b) 横向检测

在管材内实现纯横波检测,超声波的入射角 α 必须满足:

$$\arcsin\frac{C_{水}}{C_{L管}} \leqslant \alpha \leqslant \arcsin\frac{C_{水}}{C_{S管}} \cdot \frac{D_i}{D_o} \tag{16-4}$$

式中:$C_{水}$——水中的纵波声速,m/s;

$C_{L管}$——管材中的纵波声速,m/s;

$C_{S管}$——管材中的横波声速,m/s;

D_i——管材的内径,mm;

D_o——管材的外径,mm。

为使管材内壁和外壁具有相近的检测灵敏度,通常将管材中的横波折射角调整为 45°。

第三节 操作步骤

一、检测过程

锆合金管材超声检测过程具体如下:

(1) 工件表面清理应使用经批准可用的清洁材料,如酒精、白绸布等,不得对管材造成有害污染;

(2) 将探头和检测仪正确连接,打开仪器电源开关,预热 15 min 以上;

(3) 设置基准幅度,再以此基准幅度设置相应的判废线;

(4) 将被检管材放在上料架上,依次进行检测;

(5) 灵敏度复验;

(6) 缺陷记录和评判;

(7) 初步判废的管材需重新清洗再次检测,如仍不合格,则判废;

(8) 后处理,合格品和不合格品在检测过程中及最终交付时须标识区分或分区管理;

(9) 按要求交接合格品和不合格品。

二、灵敏度复验

在检测前、检测结束及检测过程中每 1 h,均需连续检测 5 次标准伤管,要求每次标准伤回波信号幅度均不低于标定值。否则,应重新调试系统,并对自前次检测标准伤管以后所有检测的管材重新检测。

三、操作现场清理与恢复

检测结束时,应对试块、试件、探头、连接电缆等进行清理和复位,仪器和传动装置电源应关闭。

四、检测结果的记录和验收标准

锆合金包壳管中存在的缺陷类型主要有轧制过程中产生纵向裂纹、热处理不当产生的横向裂纹、轧制过程中混入杂质、管材表面划伤和内表面酸洗过度造成内壁粗糙等。

(1) 检测未发现缺陷或缺陷回波幅度低于判废线,管材判定为合格;

(2) 检测发现缺陷回波幅度达到或超过判废线,管材判定为不合格。

在检测过程中,除了超过判废线的缺陷外,还要关注明显高于噪声的缺陷,降低在使用过程中演变成危害性缺陷的现象。如图 16-5 所示的超声检测缺陷信号。

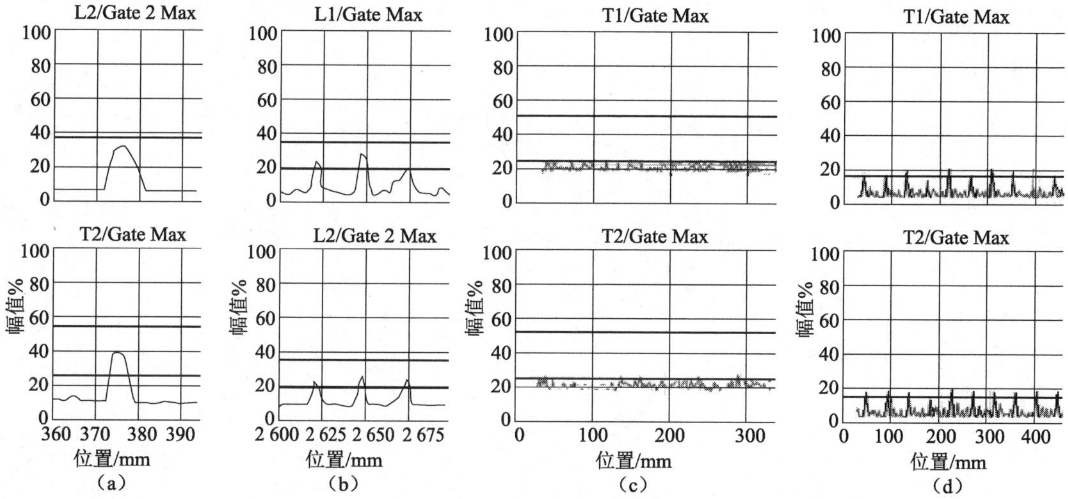

图 16-5　缺陷信号

(a) 纵横同位置缺陷;(b) 密集缺陷;(c) 草丛波;(d) 噪声异常等信号

五、检测报告

1. 检测报告内容

(1) 制造厂名;

(2) 被检工件的名称、编号和材料牌号;

(3) 检测规程及版本;

(4) 检测仪器名称及型号;

(5) 所使用的探头类型;

(6) 耦合剂类型;

(7) 检测结果;

(8) 检测人员签名及资格、检测日期。

2. 原始记录归档

原始记录包括：

(1) 当班记录；

(2) 检测记录,应有带状图或纸带记录,包括设备标定和灵敏度复验的记录。

第十七章　核燃料元件不锈钢管材超声检测

第一节　工作准备

一、检测前准备

准备超声检测仪、电缆、探头、试块、操作试件、耦合剂以及记录纸、记录表及测量器具等。

二、操作试件准备

记录试件的编号、材质和外形尺寸测量，并对工件进行清理。

三、仪器设备准备

1. 超声检测仪

多通道数字化超声自动检测系统，仪器的垂直线性误差在满幅度 80%范围内应不大于5%，水平线性误差不大于 1%，动态范围不小于 26 dB。

2. 机械传动装置

应保证探头与管材相对旋转和直线运动的速度变化值稳定在±5%以内。

根据被测管径大小换上与之相应的管导套，旋转时主轴对管材的跳动量≤0.1 mm。

3. 探头

水浸线聚焦探头，标称频率在 5～10 MHz 范围内，且另需一 10 MHz 探头检测粗晶和 α 相集中。

4. 对比试块

应与被检管材的规格相同，材质相同，不得有自然缺陷，人工槽为内、外表面的纵向 U 形槽，深度不超过壁厚的 10%，长度不超过 5 mm，宽度尽量窄不超过深度两倍。

5. 耦合剂

去离子水。

6. 酒精

分析纯。

7. 脱脂棉

第二节 仪器调节

一、超声系统连接

确认系统的工作状态,进行系统相关参数的设置。

二、灵敏度设置

1. 静态调伤

将标准伤管送入传动装置并使人工槽大致处于探头的主声束轴线上,调整探头位置,使其垂直对准管子表面。旋转管子在荧光屏上得到的反射波次数最多后再继续调整探头:纵伤探头沿垂直于管材轴线方向偏移少许,而横伤探头则需沿管材轴线方向倾斜一定角度。进一步微调探头的偏转与自转轴,使内外纵伤信号幅度尽可能一致,且信号幅度处于满屏的50%～90%。应以内外纵伤信号中幅度较低的一个回波高度作为纵伤的基准灵敏度,检测灵敏度还需在此基础上提高 2 dB。

2. 设置缺陷判废线

在基准灵敏度下按规定在检测仪中设置缺陷判废线,调节检测仪上闸门宽度和位置,取出伤信号。若发现缺陷回波幅度大于或等于标准样管上人工槽的回波基准幅度的-2 dB 时应拒收。

3. 动态调伤

应与超声波检测的条件相同,在设备稳定的工作状况下,标准伤管不少于 5 次通过检测设备时,能 100%的报警或指示。否则应检查设备,重新进行标准伤调试。

三、检测方式

与锆合金包壳管的超声检测方式类似,也采用水浸聚焦横波法,以标准伤反射的当量信号为依据,采用水浸线聚焦探头检测不锈钢管材的不连续。检测设备只需具备两个纵伤并行检测通道即可,探头安装在旋转头内高速圆周转动,管材在传动装置带动下匀速穿过旋转头。检测时,两纵伤相对轴向移动的管材周向旋转从而实现对管材的 100%超声波扫查,且有不低于 25%的声束重叠率。

第三节 操作步骤

一、检测过程

不锈钢管材超声检测过程具体如下:

(1) 应用酒精浸泡过的脱脂棉对待检管材的内外表面进行清洗;

(2) 将探头和检测仪正确连接,打开仪器电源开关,预热 15 min 以上;

(3) 调试机械传动装置,设置灵敏度;

(4) 将被检管材连接好并使之进入传动装置，依次进行检测；

(5) 检测时，纵伤双探头和粗晶探头情况下采用一次走管方式；纵伤单探头和粗晶探头情况下采用管子掉头两次走管方式；

(6) 灵敏度复验；

(7) 缺陷记录和评判；

(8) 后处理，合格品和不合格品在检测过程中及最终交付时须标识区分或分区管理；

(9) 按要求交接合格品和不合格品。

二、灵敏度复验

每隔约 1 h 复验一次标准管的灵敏度，如标准伤幅度低于之前设定幅度的 80%，应重新调试设备及标准伤，并重测自上次灵敏度复验后的所有管材。

三、操作现场清理与恢复

检测结束后及时清理现场，依次关闭传动装置、检测仪的电源。

四、检测结果的记录和验收标准

存在以下缺陷的管材应判废：

(1) 当检测仪上带状图(或其他指示记录)显示缺陷回波幅度高于拒收线时，管材判废。

(2) 当带状图(或其他指示记录)显示缺陷回波幅度超过拒收线时，允许将对应管材再次清洗后重新检测，若仍出现超标指示则判废，必要情况下标识出超标缺陷位置。

五、检测报告

1. 检测报告内容

(1) 制造厂名称或代号；

(2) 被检工件的图号、名称、编号和材料牌号；

(3) 检测规程及版本；

(4) 检测仪器名称及型号；

(5) 检测时机；

(6) 检测仪器和设备的名称及型号；

(7) 所使用的探头类型；

(8) 耦合剂类型；

(9) 检测结果；

(10) 检测日期；

(11) 检测人员签名及资格。

2. 原始记录归档

原始记录包括：

(1) 当班记录；

(2) 检测记录，应有带状图或纸带记录，包括设备标定和灵敏度复验的记录。

第十八章　锆合金棒材超声检测

第一节　工作准备

一、检测前准备

准备超声检测仪、电缆、探头、试块、操作试件、耦合剂以及记录纸、记录表及测量器具等。

二、操作试件准备

记录试件的编号、材质和外形尺寸测量，并对工件进行清理。

三、仪器设备准备

1. 超声检测仪

多通道数字化超声自动检测系统，仪器的垂直线性误差在满幅度 80%范围内应不大于 5%，水平线性误差不大于 1%，动态范围不小于 26 dB。

2. 机械传动装置

传动系统能平稳输送棒材；棒材进给速度在 1～12 m/min 范围内连续可调；旋转头转速在 1 000～6 000 r/min 范围内可调；进给速度和旋转头转速偏差控制在±10%以内。不允许有造成棒材表面划伤和影响检测结果的震动存在。

3. 探头

检测小直径棒材要求探头和设备有较高的灵敏度和分辨率，能同时检出棒材内部和靠近表面的缺陷，可选用频率 10～15 MHz 点聚焦探头（聚焦焦柱直径约为 0.5 mm，−3 dB）或频率 10～15 MHz 线聚焦探头（聚焦焦柱长度为 1.5 mm±0.5 mm，−3 dB）。采用的人工反射体为轴向和径向孔，故水浸点聚焦探头是较好的选择。采用频率高的 15 MHz 点聚焦探头，聚焦焦柱直径约为 0.5 mm，(−3 dB)用于近表面缺陷检测，提高检测灵敏度。采用 10 MHz 点聚焦探头，聚焦焦柱直径约为 0.7 mm，(−3 dB)用于中心及附近缺陷检测，提高对棒材内部缺陷的检测能力。点聚焦探头重要性能参数见表 18-1，探头的分布如图 18-1 所示。

表 18-1　点聚焦探头重要性能参数

探头用途	标称频率(MHz)	标称焦距(mm)	聚焦声束直径(−3 dB)
检测表面及近表面缺陷	15	22	0.5 mm
中心缺陷	10	40	0.7 mm

对于棒材缺的陷检测，一般用到两个探头检测表面及近表面缺陷，称为 S1 和 S2 (Subsurface 1, Subsurface 2)，一个探头检测中心缺陷，名称为 Core，同时有监控底波作用。

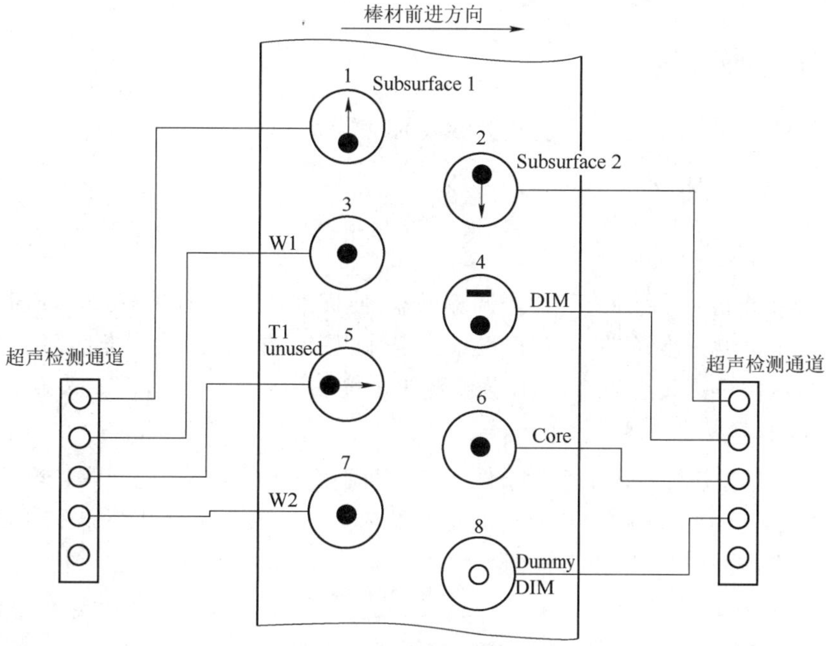

图 18-1　探头布局

4. 对比试块

标准棒应与被检棒材相同材质、相同制造工艺、相同名义尺寸和表面状态，不能有影响人工孔的信号。标准伤规定如表 18-2 所示，标准棒示意图如图 18-2 所示。人工伤应有计量证书，标准棒棒号唯一可追溯。

表 18-2　棒材标准伤规格

类型	尺寸	说明
径向孔	ϕ0.3 mm×D/2 mm	沿棒材径向钻孔
横孔	ϕ0.3 mm×L，L≥3 mm	棒端 1/4 直径处，沿轴向钻孔

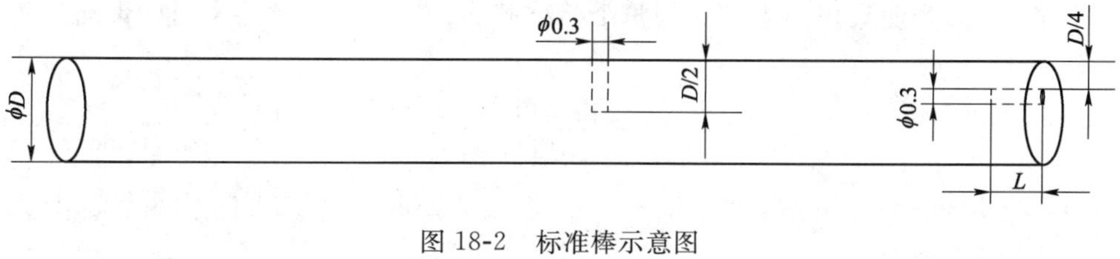

图 18-2　标准棒示意图

5. 耦合剂

去离子水，开机前检查水循环系统的水箱，必要时清洁水箱，更换或补充去离子水。

第二节 仪器调节

一、超声系统连接

确认系统的工作状态,进行系统相关参数的设置。

二、灵敏度设置

1. 径向孔检测灵敏度

在选定探头旋转速度条件下,适当调整增益,使标准伤波幅不低于 80%FSH 做为基准灵敏度。在选定进给速度条件下,根据设备稳定性测定结果,以最小标准伤幅的 80%划定判废线。来料检测时再提高至少 2 dB 作为检测灵敏度。

2. 横孔检测灵敏度

在棒材静止、选定探头旋转速度条件下,观察横孔标准伤波幅,适当调整增益,使横孔标准伤波幅不低于 80%FSH 做为基准灵敏度。以 3/4 D 处人工标准伤幅的 80%划定判废线。来料检测时再提高至少 2 dB 作为检测灵敏度。

3. 底波监控动态补偿

动态下,适当调整增益,使底波幅度在 80%～90%FSH。

三、检测参数设置

对自动检测的主要设置参数有旋转头转速 n、棒材前进速度 V,信号发射板的重复频率 F;棒材前进速度 V 与旋转头转速 n 的关系。自动检测棒材时,探头的聚焦声束扫查棒材轨迹为螺旋线:

$$V = n \times t \tag{18-1}$$

式中:V——管材前进速度,mm/min;

n——旋转头转速,rpm;

t——螺旋线的螺距,mm,由所需要检测出缺陷的最小名义长度规定。

重复频率 F 与棒材直径、旋转头转速、探头声束焦直径的关系。重复频率是指单位时间内检测仪器发射脉冲的次数。对于脉冲式检测仪,若重复频率太低,将不能保证声速对棒材 100%的扫查检测,为使聚焦声束扫查到整个棒材截面,避免漏检,仪器发射的重复频率 F 应该满足下式:

$$F \geqslant \frac{2\pi nR}{60L(1-y)} \tag{18-2}$$

式中:n——探头的转速,r/min;

R——棒材半径,mm;

L——点聚焦焦斑尺寸,mm;

y——声束重叠率%。

四、检测方式

锆合金棒材用作燃料棒上下端塞，直径在 9.5 ～11 mm，检测一般采用水浸聚焦法，探头可选点聚焦或线聚焦探头。

检测模式有纵波检测和横波检测：2 个探头检测近表面缺陷，分布在棒材轴线两侧，兼顾表面缺陷的取向，采用横波方式；1 个探头检测内部缺陷，正对棒材中轴线，采用纵波方式，同时可设置第二闸门监控底波变换(如图 18-3 所示)。检测时探头旋转，棒材前进实现对棒材 100%的超声波螺旋扫查，并有大于 25%的声束覆盖率。

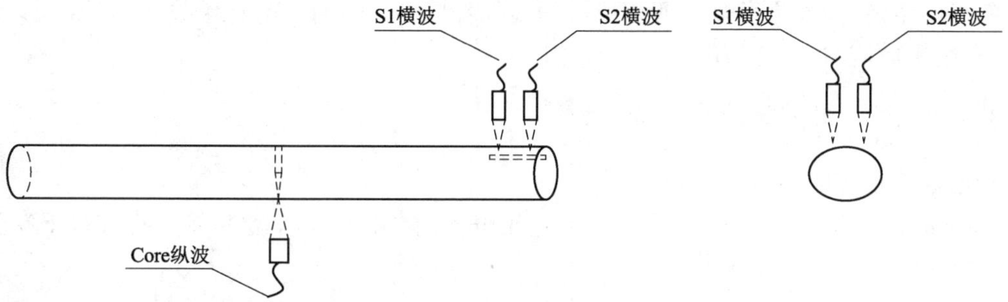

图 18-3　棒材水浸聚焦检测

第三节　操作步骤

一、检测过程

锆合金棒材超声检测过程具体如下：

(1) 表面清理；

(2) 开机预热 15 min 以上；

(3) 检测标准棒准备情况，记录标准棒棒号；

(4) 安装探头和相应导套，记录棒材检测所用的检测系统编号及探头等信息；

(5) 按规定进行棒材编号；

(6) 判废线和检测灵敏度的确定；

(7) 将棒材放入传动装置，开始进行棒材超声波检测，检测时，确保棒材的实体标识和带状图编号具有对应性和可追溯性。

(8) 灵敏度复验；

(9) 缺陷记录和评判；

(10) 后处理，合格品和不合格品在检测过程中及最终交付时须标识区分或分区管理；

(11) 按要求交接合格品和不合格品。

二、灵敏度复验

检测开始和结束时及检测过程中每隔 2 h,必须用标准棒复验检测系统的工作状态。用标准棒通过检测系统,在基准灵敏度下,径向孔标准伤幅度应不低于的最小标准伤幅。横孔标准伤幅度不低于 80%FSH,否则应重新调试标定系统,并对自上次复验以来所有棒材重新进行检测,复验情况应在超声原始记录中如实记录。

三、操作现场清理与恢复

检测结束后及时清理现场,依次关闭传动装置、检测仪的电源。

每班结束后,操作人员应对所探棒材的成、废品进行区别标识,记录数量,实体标识等信息。成、废品应清洁后分区存放。

四、检测结果的记录和验收标准

标准人工伤幅的 80%作为判废线。

标准人工伤幅调至满幅的 80%时,本底噪声控制在满幅的 30%以下。存在以下缺陷的棒材应判废:

(1) 幅度高于或等于判废线的单个缺陷;

(2) 大于标准人工伤幅的 50%,且距离小于 20 mm 的相邻缺陷;

(3) 纵波检测时,超过本地噪声且有一定长度的连续缺陷,需在静态下进行确认和测长,当缺陷长度大于 5 mm;

(4) 由于材质或缺陷引起底波降至原来的 50%以下;

(5) 草状回波。

五、检测报告

1. 检测报告内容

(1) 制造厂名称或代号;

(2) 被检工件的图号、名称、编号和材料牌号;

(3) 检测规程及版本;

(4) 检测仪器名称及型号;

(5) 检测时机;

(6) 检测仪器和设备的名称及型号;

(7) 所使用的探头类型;

(8) 耦合剂类型;

(9) 检测结果;

(10) 检测日期;

(11) 检测人员签名及资格。

2. 原始记录归档

原始记录包括：

(1) 当班记录；

(2) 检测记录,应有带状图或纸带记录,包括设备标定和灵敏度复验的记录。

第十九章　燃料元件焊缝超声检测

第一节　工作准备

一、检测前准备

准备超声检测仪、电缆、探头、试块、操作试件、耦合剂以及记录纸、记录表及测量器具等。

二、操作试件准备

记录试件的编号、材质和外形尺寸测量，并对工件进行清理。

三、仪器设备准备

1. 超声检测仪

多通道数字化超声自动检测系统，仪器的垂直线性误差在满幅度 80%范围内应不大于5%，水平线性误差不大于 1%，动态范围不小于 26 dB。

2. 探头

探头为水浸点聚焦探头，频率为 10 MHz。

3. 对比试块

(1) 标准伤管与被检测产品具有相同材质以及相同的几何尺寸、声学性能；

(2) 标准伤为管内壁圆底孔和 V 形槽。

4. 耦合剂

去离子水，开机前检查水循环系统是否清洁，必要时清洗过滤器、更换或补充去离子水。

第二节　仪器调节

一、超声系统连接

确认系统的工作状态，进行系统相关参数的设置。

二、灵敏度设置

开始检测前，使用标准伤管对系统复验两次，根据控制图判定方法对两次复验进行判定，标准伤信号应在控制图的上下控制限内(即满屏的 60%～80%)。系统根据两个合格的复验，会自动生成判废限。

三、检测方式

燃料棒环焊缝的外径 9～10 mm，壁厚约 0.6 mm，在超声检测中属于小径薄壁管，对此类锆合金管环焊缝检测基本采用水浸聚焦横波法，该方法以标准伤反射的当量信号为依据，采用水浸点聚焦探头对焊缝及热影响区的焊接质量进行检测。为保证对不同类型缺陷的检出率，系统采用四个探头进行检测，两个探头垂直至燃料棒偏心设置，另外两个探头倾斜入射。系统采用燃料棒旋转、探头做轴向直线运动的方式来实现对环焊缝区 100%的扫查，探头布局见图 19-1。

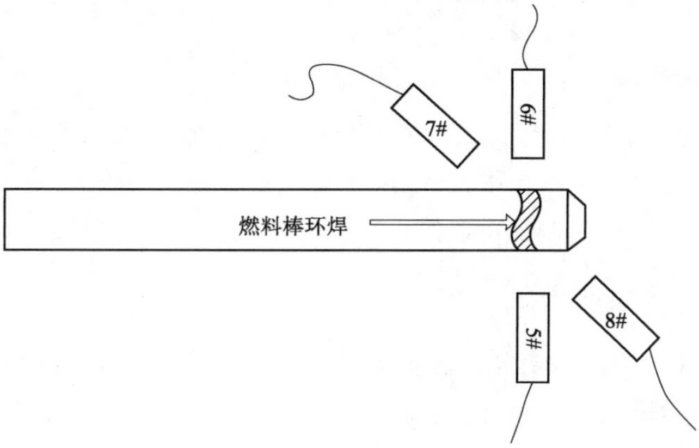

图 19-1　探头布局图

第三节　操作步骤

一、检测过程

（1）探头正确的安装在探头架上；

（2）开启各系统电源：

1）开启设备压缩空气系统，并按要求将各调压阀调整至规定的压力范围内，包括检测机后总的调压阀，气爪夹紧压力，车尾推进压力等；

2）开启设备循环水系统，并进行预热，确认循环水箱内液位满足要求，当低于中间隔板时，需要补水；

3）调整吹水管角度，将标准管插入水中，调整两个吹水管，使得在探头区产生翻滚的水流，将标准管拔出，水流不能从通道入口溢出。

（3）开启检测仪的电源：

打开控制机“探头调节软件”程序，打开检测机“探头调节软件”程序，点击控制机界面上“开始调节”，然后点击检测机界面的“Start”，即开始预热，预热半小时后退出探头调节程序。

（4）设置判废限；

(5) 检测;

(6) 灵敏度复验;

(7) 缺陷记录和评判;

(8) 检测后处理;

检测结束后,依次关闭检测仪、计算机、循环水系统、压缩空气系统、电源系统。

(9) 产品搬运。

两人从合格料架搬运包壳管组件下料时,每个人张开双臂,两手之间的距离为 1 m 左右,离管端最近的手距离管端 300~600 mm,搬运最大数量限定为 7 根。

单人搬运必须借助长度不少于 3 m 的定位板,且最大数量限定为 3 根。

二、灵敏度复验

(1) 当连续检测 4 h 或工作结束时,需要对系统进行标定,如果标定合格,认为此标定区间的产品检测有效,如果标定不合格,此标定区间产品需要重新检测;

(2) 当复验失败时,通过调整增益使标准伤信号位于上下控制限之间。

三、注意事项和辐射安全

(1) 核临界事故对事故周边人员危害极大,当发生核临界事故时,检验人员要立即停止操作,远离事故区域撤离至应急集合点,在 3 min 内报告应急领导小组成员;

(2) 检测过程中机械传动、电器自动化控制等较多,应熟悉一般的机械和电器控制知识,注意防止机械伤人和触电。应避免耦合剂随意洒落,同时防止接地保护装置发生机械损伤和化学腐蚀。

四、检测结果的记录和验收标准

(1) 当标定值落在上、下监督限之内,则认为标定合格;

(2) 当标定值落在上监督限与上控制限之间,则认为标定合格;

(3) 当标定值落在下监督限与下控制限之间,则认为标定合格;

(4) 当标定值落在下控制限之外,则认为标定失败,需要调整设备重新标定,直至标定合格,且此标定区间的产品需要全部重新检测;

(5) 当标定值落在上控制限之外,对标定值信号进行分析,如果确定此信号是标准伤信号,则认为系统灵敏度较高,标定合格;如果确定此信号不是标准伤信号,则认为标定失败,需要调整系统重新标定,直至标定合格,且此标定区间的产品需要全部重新检测。

系统会自动将每根棒的检测结果与判废限进行比较,超过判废限的棒将会被拒收,同时系统自动将合格品与不合格品进行隔离,不合格品将会送至废料架,合格品将会传至合格料架。

五、检测报告

1. 检测报告内容

(1) 制造厂名称或代号;

(2) 被检工件的图号、名称、编号和材料牌号;
(3) 检测规程及版本;
(4) 检测仪器名称及型号;
(5) 检测时机;
(6) 检测仪器和设备的名称及型号;
(7) 所使用的探头类型;
(8) 耦合剂类型;
(9) 检测结果;
(10) 检测日期;
(11) 检测人员签名及资格。

2. 原始记录归档

原始记录包括:
(1) 当班记录;
(2) 检测记录,应有带状图或纸带记录,包括设备标定和灵敏度复验的记录。

第二十章　复合燃料元件超声检测

第一节　工作准备

一、检测前准备

准备检测装置、电缆、探头、试块、操作试件、耦合剂以及记录纸、记录表及测量器具等。

二、操作试件准备

记录试件的编号、材质和外形尺寸测量。

三、仪器设备准备

1. 计算机

数据自动采集、机械运动控制。

2. 探头

水浸聚焦探头，15 MHz。

3. 检测扫查装置

如图 20-1 所示，扫查装置由两套伺服电机驱动滚珠丝杠，带动其上的换能器进行 X、Y 二维方向扫查，最大扫查区域为 1 300×400 mm，最大扫查速度为 120 mm/s。通过伺服电机控制 Z 轴，探头高低可自动调节，探头夹持装置保证其偏转方向。

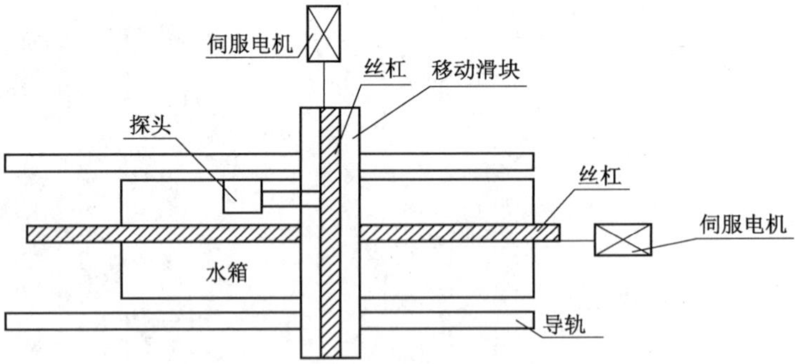

图 20-1　机械扫描框图

燃料元件固定专用卡具上，由 PLC 控制器控制三台伺服电机，使探头能够按照检测人员设置参数沿 X、Y、Z 方向三维运动，探头由一台伺服电机带动，沿精细丝杠在元件的宽度方向即 X 方向以 120 mm/s 速度移动，沿 X 方向扫描一定距离后，另一台伺服电机驱使探头沿元件长度方向即 Y 方向移动 1 mm，扫差路线呈“弓”字型。

4. 对比试块

选取标准生产工艺条件下制造的贫料燃料元件,分别在芯体与包壳的上结合面和下结合面加工两组不同孔径的平底孔,孔径分别为ϕ2.0 mm、ϕ1.6 mm、ϕ1.2 mm。

标准样品有两个作用:一是用来调试设备,检测整个系统性能是否良好及运转是否正常;二是作为评判合格与否的当量标准,所有检测出的缺陷信息都要与其比较,以决定燃料元件是成品还是废品。

5. 耦合剂

去离子水。开机前检查水循环系统是否清洁,必要时清洗水池、更换或补充去离子水。

第二节 仪器调节

一、检测系统连接和调试

为了保证检测质量,正确调试探头声束的入射位置,特别注意应使上、下(外、内)结合层标准伤的脉冲幅度达到一致,若上、下(外、内)结合层标准伤幅度不一致,会生产缺陷的误判或漏判。例如:上(外)结合层标准伤的幅度比下(内)结合层幅度低,若以上结合层幅度评判缺陷,就会造成元件不贴紧的误判;相反,若以下结合层幅度评判缺陷,就会造成元件不贴紧的漏检。

二、检测参数设置

复合元件自动检测的主要工艺参数有:闸门高度、闸门起点、闸门宽度、X、Y 轴范围、X、Y 轴扫查间距、扫查速度。

闸门起点、宽度设置在界面波之后至底波之后,闸门高度根据标准伤幅度确定。X、Y 轴范围根据工件实际尺寸确定,X、Y 轴扫查间距、扫查速度根据要求检测缺陷大小确定。

三、检测方式

复合燃料元件属于三层夹芯材料,在制造过程由于某些原因会在两种材料间存在很薄的空隙或疏松层,采用水浸耦合单探头超声波脉冲反射法检测方法对燃料元件上、下(内、外)包壳与芯体的结合质量进行检测。超声波探头发射聚焦声束入射到包壳表面后,一部分声能被反射,其余部分透射到包壳与芯体界面。若包壳与芯体不贴紧,则在包壳与芯体的界面有部分声能反射回来,底波衰减或消失;通过模数转换,F 特征扫描图形记录了探头扫描元件的形貌及缺陷的位置、大小,显示图形可按深度和幅度分别显示。该系统扫描过程中的检测结果实时成像,根据设定扫查试件的厚度,用不同的颜色代表不同的深度,结合波形显示判定薄壁元件的结合质量。

从超声波检测的原理可以知道,当材料中存在大面积的疏松和小气孔时,底界面波的幅值会出现显著地降低(如图 20-2a 所示);而当材料中存在大于超声波声束界面积的分层时,入射的超声波几乎全部反射回来,这时发现不了底界面波(如图 20-2b 所示)。因此,根据这个原理,可从底界面波的是否存在来判定分层缺陷的存在;可通过底界面波的幅值来判定是否有疏松和气孔存在。

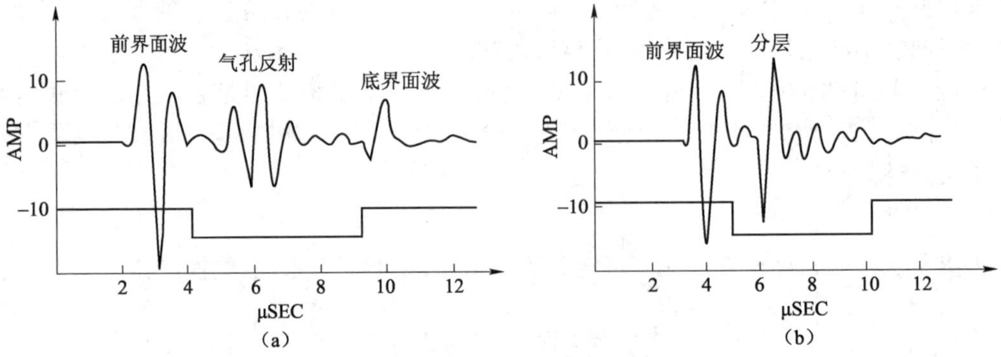

图 20-2 缺陷信号

(a) 燃料元件内部大面积疏松；(b) 小气孔与包壳与芯体不贴紧(分层)

第三节 操作步骤

一、检测过程

复合燃料元件超声检测过程具体如下：

(1) 准备

1) 打开计算机,进入检测系统,打开发射接收放大器；

2) 检查传动装置运转是否正常；

3) 向水箱中注入耦合剂；

4) 调整探头对中,声束入射焦点在合适的位置,使底波信号幅度达到最大,荧光屏上噪音信号低于荧光屏 20%。

(2) 标定

1) 装卡燃料元件标准样品；

2) 清除探头及燃料元件表面附着的水泡；

3) 调整闸门,移动闸门至界面波后,使底波完全处于闸门内；

4) 调节增益,使底波信号幅度达到满屏的 60%～80%,记录检测灵敏度；

5) 点击检测系统中的移动探头按钮,将探头移至标准伤附近；

6) 进入参数设置界面,设置检测参数；

7) 选择显示方式；

8) 开始标定检测系统,标准伤从小到大依次清晰显示后,保存标定图谱,否则重新标定。

(3) 检测

1) 装卡待测燃料元件；

2) 清除探头及燃料元件表面附着的水泡；

3) 点击检测系统中的移动探头按钮,将探头移至检测起始位置；

4）选择显示方式；

5）开始检测，结束后保存检测图谱。

(4) 缺陷面积计算；

(5) 缺陷记录和评判；

(6) 检测后处理。

二、注意事项和辐射安全

(1) 核临界事故对事故周边人员危害极大，当发生核临界事故时，检验人员要立即停止操作，远离事故区域撤离至应急集合点，并在 3 min 内报告应急领导小组成员；

(2) 检测过程中机械传动、电器自动化控制等较多，应熟悉一般的机械和电器控制知识，注意防止机械伤人和触电。应避免耦合剂随意洒落，同时防止接地保护装置发生机械损伤和化学腐蚀。

三、检测报告

1. 检测报告内容

(1) 制造厂名称或代号；

(2) 被检工件的图号、名称、编号和材料牌号；

(3) 检测规程及版本；

(4) 检测仪器名称及型号；

(5) 检测时机；

(6) 检测仪器和设备的名称及型号；

(7) 所使用的探头类型；

(8) 耦合剂类型；

(9) 检测结果；

(10) 检测日期；

(11) 检测人员签名及资格。

2. 原始记录归档

原始记录包括：

(1) 当班记录；

(2) 检测记录，应有带状图或纸带记录，包括设备标定和灵敏度复验的记录。

参考文献

[1] 宋地哲. 超声检测. NDT 全国特种设备无损检测人员资格考核统编教材.2 版. 北京:中国劳动保障出版社,2008.

[2] 全国锅炉压力容器标准化技术委员会. NB/T 47013—2015《承压设备无损检测》. 北京:新华出版社,2015.

[3] ASME(2004 版)《锅炉压力容器》第 III 卷:核设施部件建造规则

[4] ASME(2004 版)《锅炉压力容器》第 V 卷:无损检验

[5] ASME(2004 版)《锅炉压力容器》第 XI 卷:核电厂部件在役检查规则

[6] RCC-M(1993 版)压水堆核岛机械设备设计和建造规则

[7] RSE-M(1997 版)核电厂核岛机械设备在役检查规则